福祉ライブラリ

リスクマネジメント
と法

菅原好秀　著

建帛社
KENPAKUSHA

は し が き

　日本リスクマネジメント学会創立者である亀井利明先生は「リスクは繰り返す」「リスクは変化する」「リスクは隠れている」とったリスクの三様相により，リスクは千差万別，千変万化するがゆえ，リスク処理の選択の重要性を指摘され，日本リスクマネジメント学会理事長である上田和勇先生は「リスクは頻度と強度を変え，繰り返す」とリスクマネジメントの核心を指摘されている。今現在の社会情勢はまさに予測困難な時代に突入しているように思われる。「リスク」とは未来において生起するかもしれない何らかの損害を現在の時点において見積もることであると考える。つまり，「リスク」とは本来的に知り得ないはずの「未来」について「現在」の「関係性」の中で描写するということである。

　介護の現場では「介護リスク」，保育の現場では「保育リスク」，学校現場では「学校リスク」，医療の現場では「医療リスク」が発生している。

　このリスクで注目すべき点は，訴訟において，損害を金銭で回復させるという裁判で「見えてくる」損害回復モデルという従来の伝統的司法制度に依拠したシステムから，現代の裁判では見えてこない「誠実な対応」「謝罪」「再発防止」という行為者の感情的次元にこそ，光をあてて被害者を救済することに主眼があるように思われる。

　リスクが発生すると，対応によっては，被害者及びその家族は，穏やかだった表情が豹変し，不満から失望，怒りに変わり，加害者側の過失を徹底的に追及するために，裁判を起こす可能性がある。裁判では，長期化し，精神的な負担が増大し，本来，被害者の自己責任で発生した転倒・骨折でさえも加害者側の責任として追及してくる。保険により金銭賠償をすればいいということだけは済まされないのが「介護リスク」「保育リスク」「学校リスク」「医療リスク」である。

　本来感謝されるべき側が裁判に訴えられることは異常なことである。本書を

通じて，リスクが発生した事後対応を分析し，リスクに対する危機意識と自覚を喚起する一助になれば幸いである。

　本書の執筆にあたり，東都学園学園長の渡辺信英先生に言語一つひとつの奥深さ，重さ，輝き，精緻さと，多面的なものの見方など細部にわたりご教授していただき，心より感謝申し上げる。日本リスクマネジメント学会理事長上田和勇先生，ソーシャル・リスクマネジメント学会理事長戸出正夫先生に，学会報告等でリスクマネジメントの本質をご教授いただき心より感謝申し上げる。

　最後に本書の出版にあたり，本書の企画・構成の段階からご助言をいただいた建帛社の方々に深く感謝申し上げる。

　なお，本書は日本リスクマネジメント学会誌『危険と管理』，ソーシャル・リスクマネジメント学会誌『実践危機管理』，『東北福祉大学紀要』の拙稿を加筆・修整したものである。

　2020年3月

菅　原　好　秀

目　　次

第1章　裁判事例から学ぶリスクマネジメント

第2章　介護事故裁判事例とリスクマネジメント

第3章　保育事故裁判事例とリスクマネジメント

第1章 裁判事例から学ぶリスクマネジメント

第1節 リスクと社会学
―感情的コンフリクトに関する一考察―

1 はじめに

民事訴訟の紛争解決方法は，不法行為訴訟に典型的にみられるように，利益侵害の要因となる事実認定を特定し，有責な加害者にその侵害によって生じた損害を金銭で回復させるという損害回復モデルが通常である。例えば，「故意又は過失によって他人の権利又は法律上保護される利益を侵害した者は，これによって生じた損害を賠償する責任を負う」という民法第709条の条文において，法的三段論法では，「他人の権利を侵害した者は損害賠償責任を負う」という法文，「被告Aが他人の権利を侵害した」という事実，「ゆえに，被告Aは損害賠償責任を負う」という判決，となる。法的三段論法においては，帰結たる命法は法文を基礎とした演繹によって必然的に導出されたものである。そのため，事実認定が正しかったとすれば，根拠となった法文の規範性が継承され，個別の命法が規範性をもつということを正当化できるのである。

ここでの裁判の過程では，あらかじめ法によって定義された問題のみが扱われ，その判断にとって重要な事実のみが注目され，金銭賠償という法的賠償責任を確定させ負わせることを目的としている。医療裁判においても訴えられた被告の医師や担当弁護士，被害者から依頼された弁護士，そして裁判官も民事訴訟においては，金銭賠償による解決を第一の目的としている。

しかし，金銭賠償以外のあらゆる責任が，そこでは埒外とされ，患者の求める「真相究明」「誠実な対応」や「謝罪」といった日常的道徳感覚に即した問題は，基本的には扱われず，あくまでも法的賠償責任のみが確定されるのみであり，感情的コンフリクト（不一致，対立）を解消するような責任負担は問題

とされていないのである。

　近年急増している医療事故の紛争において，高度化された専門医療や医師の
あり方についての不安や不満，不信感がもつれ合うことで，具体的侵害の程度
を超えて紛争を深刻化させている傾向がある。

　医療事故においては，遺族側が金銭賠償を本来の目的としない注目すべき医
療裁判がある。当時17歳のMが医療過誤によって死亡した事案において，原
告側が弁護士を解任して，本人訴訟で勝訴した「医療過誤訴訟」[1)]である。こ
の裁判では，注目すべき点は，原告側の訴訟の目的は，表面的な金銭賠償請求
ではなく，医師側からの事実経過を説明する場の保証と過誤原因の究明とそれ
に基づく謝罪である点である。

　原告にとっての訴えの目的が，例えば次のような言葉として語られてい
る[2)]。

①「私共が訴えたのはよくよくの事だと理解してください。この裁判を通じ
　て，第二，第三の犠牲者を二度と出さないため安易な妥協をせず，徹底的
　に本件過誤を追及してもらうつもりでいますし，それが世のため人のため
　になればと思っています」（原告陳述書その四）

②「助けてもらえると信じていましたのに，若い命を医療過誤によって救命
　してもらえることができず，さぞ本人は無念だったと思うんです。なぜあ
　の子は死ななければならなかったのか，私は真実が知りたくて提訴してお
　りますが……」（丁主治医への証人尋問）。

③「親の気持ちといたしましては，子どもに先立たれて，しかも救命の可能
　性があり，ほかの病院では助かっていた事案ですので，これは経験したも
　のでないと理解できません，してもらえないと思います。また子どもの命
　をお金に算定するということは心苦しいことですし，Mがほんとに可能性
　を秘めた17歳の若さでいったということと，ミスによって死に至るまで
　のMの悔しさ，そういうものを思いますと地球より重い人の命といわれま
　すが，ほんとにこれは値で勘定できるものではないと思っております」
　（原告本人尋問・母）。

④「私共は判決を希望していますし，その理由は，最初にも陳述していると

　　おり，私共から事実経過を説明する場を保証してほしいし，過誤原因の究
　　明とそれに基づく謝罪であって，表面的な金銭的賠償だけでは済ませたく
　　ないからです」(原告陳述書その四)

　　この点，原告側弁護士は，「やはり，紛争は早期に解決された方が客観的な
利益に合致するだろうと考えてるんですね。早期に解決して，しかもその中身
として，民事裁判というのは勝ち取れるものというのは金銭賠償しかないわけ
ですから，できるだけ原告の負担を，いろんな意味で，精神的にも物質的に
も，少しの負担の上で，短い時期に最大限の賠償額を勝ち取ることが客観的な
利益だろうと」[3]と主張した。

　　この事案では，原告側が金銭賠償を目的とした弁護士を解任した。そして表
面的な金銭賠償請求ではなく，医師側からの事実経過を説明する場の保証と過
誤原因の究明とそれに基づく謝罪，そして同事案の医療事故防止を求めたので
ある。

　　このように不可避的なリスクの伴う医療行為の事故の訴訟目的としては，損
害を金銭で回復させるという損害回復モデルという従来の伝統的司法制度に依
拠したシステムから，「真相究明」「誠実な対応」や「謝罪」という行為者の感
情的次元，そして「同事案の医療事故防止」まで含んだ当事者のニーズに応答
的かつ機能的な医療事故紛争解決システムを構築し，感情的コンフリクトを解
消することが現在求められているのである。

　　そこで本稿では，従来の医療裁判を通じて法的空間のみで患者と医師が対決
する紛争解決方法ではなく，紛争当事者の生活空間まで則した「患者の感情ま
での手当てを含む対話方法」「法的責任や金銭賠償を超えた新たな医療事故紛
争解決システム」について，リスクと社会学の視点から検討するものである。

2　現代社会の医療行為とリスクに関する社会学的分析

(1) リスク概念

　　現代社会の医療行為は，その対象たる個々の患者の身体やその状態を予測不
能な固有の特性という極めて不確定な状況の中で医療行為がなされており，そ
の判断基準は，画一的判断を容易になし得るものではない。医療行為は，本質

的に極めて高度なリスクを伴った営みにほかならず，一定の不可避的リスクが存するのである。

　そもそもリスク（risk）とは，「ラテン語のresceare，またイタリア語古語のrisicareに由来し，勇気をもって挑戦する」とする見解[4]がある。この見解によると，リスクという状況は，リスクに対して勇気をもってチャレンジするとき，損失の可能性だけでなく，利益をもたらす可能性も生まれる状況だと把握される。医師が患者の手術に対して勇気をもって挑戦し，患者の病状を回復させれば，治療代として報酬という利益が生じるのである。

　ニクラス・ルーマンはリスクという概念を「決定」と関連付けて把握する。ルーマンにとって重要な区別は，リスク／危険という区別である。この区別を用いることによってはじめて，リスクに関する社会学的分析の可能性が開示されるというのが，ルーマンの考え方である。未来の損害の可能性が，自らで行った「決定」の帰結とみなされ，そのような決定に未来の損害が帰属されるという場合が「リスク」であり，そのような未来の損害の可能性が，自分以外の誰か，または社会システムによって引き起こされるものだとみなされ，そのように帰属される場合が「危険」である[5]，とする。

　このルーマンの区別は，能動的に，あるいは自分の選択によって関わる場合の危険性と，受動的に，自らの自由意思や選択によらずに関わってしまわざるを得ない危険性との区別と同じである[6]。

　このようなルーマンのリスクと危険との区別は，社会の複雑性の増大という事態に相応したものであるといえる。現に結合している諸要素が，それ以外の諸要素との結合諸可能性を多分に有していればいるほど，複雑性が増大している，と表現されることになる。端的にいえば，可能性の増大，といってもいいだろう。それゆえ，複雑に機能分化した現代社会は，このような意味で複雑な社会である。

　このようにして，社会がますます複雑になり，現在において考えられる選択肢の数が著しく増大すると，当人が意図していようと意図していまいと，そうした選択肢の中で何らかの「決定」を下すことがいわば「強制」されてしまう（「選択」の強制）。そうなると，かつては，生活の過程において多かれ少なかれ

いわば「おのずから」「自然に」生起するものであると考えられていた多くの
ことが，いまや，誰かあるいは何らかのシステムの決定によって初めて生起す
るものとして，しばしば事後的に把握されるようになる。日常用語法において
も「リスクを引き受ける」，「リスクを顧みず」といった言い方がなされること
から明らかなとおり，「リスク」とは単に，予期されなかった事故が起こった
り損害がもたらされたりするということそのものではなく，未来において生起
するかもしれない何らかの損害を現在の時点において見積もることである。ル
ーマンのリスク論にとっては，「現在」という時点との「関係性」が重要なも
のとされている。つまり，「リスク」とは本来的に知り得ないはずの「未来」
について「現在」の「関係性」の中で描写するということである。

　また，ルーマンの「時間」概念の核心は，「過去と未来の差異」という点に
ある。これはルーマンの時間把握の中でかねてより一貫している主張である。
ルーマンは，機能的に分化した近代社会へと移行するのに伴って「時間」概念
もまた変化するという仮定のもとで，かつてなかったほどにわれわれの時代
は，過去と未来との連続性が断絶してしまっている，という時代診断を行う。
過去と未来との差異が著しく大きくなっているというこの見解は，変化のテン
ポが速くなりこれまであったこととこれからあることとの間に著しい差異がみ
られるようになっていること，それゆえ未来はもはや過去からの類推によって
は把握できないということ，を意味している

（2）リスクと現代社会の医療行為

　これを現代社会の医療行為に当てはめると，医療行為は，リスクある意思決
定者と専らその影響を受ける者との立場に乖離がある。医師は手術によるリス
クを専門的立場から医療行為の戦略に組み入れてリスク回避策を立てることが
でき，リスクに対して勇気をもってチャレンジすることができる。これに対し
て医療の専門的知識が乏しい患者は，医師の意思決定を専ら受け入れるほかな
い。つまり，患者は医師の行動選択を受動的に受け入れざるを得ない立場にあ
るのである。患者は，リスクを自由にコントロールすることができにくい立場
にあるといえる。特に近年医療技術が目覚ましい進歩を果たしている医療にお
いて，過去と未来との連続性が断絶しており，手術経験の少ない患者は，過去

から推論して，これから行われる手術のリスクを把握することができないのである。

　そのためリスク回避策を立てにくい患者が医師への信頼が揺らぐと，医師の行動選択に大きな不安を感じるようになる。そしてこの不安が，医療事故によって紛争の背景を形成することになる。例えば，医師が患者に医療行為の十分な説明を行うことなく治療を行う場合には，患者の不安はすぐに医師に対する不満，不信感につながり，不満や不信感が容易に蓄積されることになる。さらに，医師への否定的な情報の氾濫が患者の不安や不満，不信感を顕在化させ，訴訟にまで発展するのである。

　今日の医療は，高度な医療行為を実施しているが，治療には基本的にはリスクが付きものであり，リスクを冒すことも治療には必要であると考えている。他方，患者・家族はそのようなリスクが理解できない場合，理解してもあえてリスクを冒さざるを得ない立場という半宿命的立場にあり，リスク操作には，医師と患者の間には大きなギャップがある。このギャップゆえに，患者・家族が医師の治療行為に不安を抱くことは避けられない。手術が成功して，患者が回復すれば，紛争までの問題は生じないが，医療事故が発生し，後遺症が残れば，医師に対する強度の不満や不信感が増幅し，極めて深刻な紛争へと発展するのである。

　医療事故おいて，医師の過失が認められれば，不法行為ないし診療契約上の義務違反に基づく損害賠償請求によって患者・家族の金銭的損害が回復する余地がある。しかし，医療紛争まで発展した要因は，後遺症などの具体的な侵害もさることながら，医師に対する患者・家族の不満，不信感である。患者・家族の不満や不信感を修復するケアの視点が重要となってくるのである。

　このリスク社会の紛争の対処方法としては，紛争が医師と患者のリスク操作のギャップに由来し，またはそれに触発されて深刻化するのであるとするならば，このギャップの穴埋め的な調整方法が必要となる[7]。このギャップによって生じる患者のリスクに対する不安が医師に対する不満や不信感に転化され，医師との間での紛争へと発展するのであれば，医師が決定者の不安に対するケアを施し，患者が日常生活上そのような不安と共存できるように支援すること

も重要である。そのためには，当事者同士がコミュニケーションを通じて情報
を共有し，リスクの情報操作のすり合わせを行う必要がある。

　医療を円滑に行うためには，医師は平素から患者との間で信頼関係を構築し
ていることが重要である。医師が平素から患者との医療リスクに関して意思疎
通を十分に図り，患者の意思を事故防止に役立てるとともに，治療にあたって
十分なインフォームド・コンセントを行い，治療の進行中にも患者の不安に適
宜応えていれば，患者がむやみに医師の診療行為に不満や不信感を抱くことは
かなり防止できるはずである。他方，医療事故が発生し，診療によって後遺障
害が発生した場合には，患者・家族は多少なりとも不満や不信感を募らせる。
その際には，医療事故，後遺障害の発生時に，第三者機関を利用して中立的な
立場から迅速に事実解明を行い，必要であれば患者・家族に謝罪し，結果的に
は，不安や不満，不信感に正面から向き合って交渉すれば，結果的に，協調的
に紛争解決を実現できる場合が多くなるのである。

　患者の求める「真相究明」は客観的事実ではなく，それに伴う行為者の感情
的次元まで含んだ感覚的観念にほかならない。訴訟は，その不法行為・債務不
履行をめぐっての責任を特定するが，「誠実な対応」や「謝罪」といった日常
的道徳感覚に即した問題は，基本的には扱われず，あくまでも法的賠償責任の
みが確定されるのみであり，感情的コンフリクトを解消するような責任負担は
問題とされない。「再発防止」を望む患者・医療者双方にとって，訴訟はその
期待に応えるフォーラムではないのである。法は，金銭賠償を原則としてい
る。金銭賠償問題を処理しなくてはならないとしても，それは感情的コンフリ
クトやさまざまな主張・要求がほぐされた後に初めてスムーズに扱える問題な
のである。しかし，訴訟では，訴え提起の最初の時点から，金銭賠償問題とし
て問題を定義付けることを要求している。しばしば，訴訟に訴えた患者側が，
「金銭の問題ではない」と発言することは，訴訟の限界を如実に示す逆説的光
景でもある。

　この点，ルーマンは，リスク／危険という区別を使用することによって，日
常的に使用されるリスク／安全の区別では「見えてこないもの」を観察しよう
とした。それがルーマンのリスク論のねらいである。医療事故訴訟では，損害

を金銭で回復させるという裁判で「見えてくる」損害回復モデルという従来の伝統的司法制度に依拠したシステムから，裁判では見えてこない「誠実な対応」や「謝罪」という行為者の感情的次元にこそ光を当てて，患者を救済することに主眼があるのである。

　訴訟に内在的な限界を克服するために求められるのは，「対決でなく感情への手当てを含む対話」「法的責任や金銭賠償を超えた創造的な解決」である。

　以下，場合を分けて検討する。

３ 患者の感情までの手当てを含む対話方法と新たな解決方法

（１）医療訴訟の要因と患者の感情までの手当てを含む対話方法

　日本国憲法第13条前段の「すべて国民は，個人として尊重される」という基本理念に基づいて，患者が人としてもっている尊厳，および人格権としての自分で決める権利が保障されている。医療の現場では，医師は，患者個人を尊重し，自己決定権を尊重しつつ，医療事故を防止するため，医療のプロとして，治療の難しい局面において，瞬時に最適の措置を判断し選択して，的確に実践しなければならない。この最適の措置の選択および実践は，「マニュアル」だけではなく，時間と努力が必要となる。患者は，医師を，知識と技能と理念を身に付けたプロとして信頼し，安心して医療行為を依頼する。医師の質の高さと，緊急時はもとより常に安全配慮を尽くしてくれるだろうと期待している。したがって，医師が医療行為の提供において，万が一の事故防止策や事故が発生したときの対応の不十分さがあれば，「患者や家族に対する期待を裏切る」ことになりかねない。

　現代社会生活において，人はどこにいても事故のリスクに遭遇する。身体機能の衰えた患者はさらにそのリスクを増大させる。

　本来感謝されるべき医師が，手術に失敗すると患者やその家族から医療訴訟を受ける立場になる要因を，「患者自身の生育史」「医師の人間性・個性」「期待権の侵害」の３つから多角的に分析することとする。

　第一の訴訟要因としては医師が「患者自身の生育史」まで理解していない点にある。本来の治療行為において，患者の自己決定権を尊重しつつも，医療訴

訟を防止するためには，普段の治療行為時から患者個人のリスク情報の収集が
必要である。患者のリスク情報を収集するためには，患者の治療データの収集
だけではなく，患者個人の人生観・歴史観・職業観などの生育史，家族関係，
近隣関係や生活技術能力などを分析し，その人に内在する問題とその人を取り
巻く環境との関わりにおいて，どこに問題があり，どのように調整したり，支
援したりしたらよいのか，実践仮説を明らかにすること[8]が必要である。今ま
での生活歴を経過して今日があり，毎日毎日のADL（生活活動）は，その生活
歴の上に成り立っているからである。ここで大切なことは，患者の身体的要件
とADLだけに着目するだけではなく，その患者が社会的にどのような生活を
送っているのか，今後送ろうとしているのかという患者の主体性を尊重しつ
つ，リスク要因を分析することがリスク回避のための有益な情報といえる。

　患者の主体性を尊重することは，ルーマンの「見えてこないもの」を観察し
ようとする，医療を越えた人間社会がもつべき基本的な意識が必要である。人
間の主体性の多くの部分は感情によって成り立っている。患者の主体を把握す
るとき，それはその人の感情を把握することでもある。知識やデータはあくま
でも，生活者の現実を理解するための基礎的情報にすぎず，それに頼るだけで
はなく，一人ひとりの生活の主体性，生活者の感情的視点は，それぞれがつく
り上げた固有の意味の世界である点を踏まえて理解し，受け入れる視点が大切
である。

　第二の訴訟要因としては患者に対しての「医師の人間性・個性」が問題とな
っている点である。医師は現場において利用者の生命・身体・健康を保護する
義務がある（安全配慮義務）ため，患者の安全について適切な注意と措置を講
じる専門家としての立場がある。

　患者への医療行為は，医師の誰がやっても同じというわけではない。原理原
則により，過程を踏まえ進めていくのが医療行為であるが，そこにはどうして
も，人間的なもの，個人的なもの，私的なものが入り込むことになる。それは
医師が人間であることからくる宿命である。医師の医療行為に対する熱意，温
かさ，優しさ，几帳面さ，配慮の深さなど，またその逆も，医師個人のパーソ
ナリティに大きく左右される。それは，医師の個性の問題である。医療の仕事

は対人関係が基礎になることを考えれば，個性を押し殺し，平板な優しい人に
なり切ることには嘘があり，無理があるばかりか，人間味のある対人関係は樹
立し得ないであろう。どのような個性が最善であるかなど判断できるものでは
ないが，少なくとも，医師が自分の価値観，経験，趣向を内面化し，それらを
結合し独自の個性をもつことである。そのほうが自然であり，ありのままの素
直な人間性がよりよい医療行為をもたらすのである。これをどうつくるかは，
医師の創意工夫であり，自らの良心に従い自己の信ずる姿を表すべきであろ
う。つまり，人間は被造物であるが，個性は人間の創造的産物である。医師の
個性こそが，現場における医療行為の特徴，固有性，個別性，人間性を生む[9]
のである。

　医師が利用者の主体性，尊厳，人間性を理解し，患者から受け入れられるか
どうかは，患者に対する既存の知識・データが前提となるが，前述のようにそ
れらを越えた，感性や柔軟性などの，医師の才覚，技量，度量によるところが
大きいといえよう。

　第三の訴訟要因としては，患者のもつ医師に対しての「期待権の侵害」であ
る。患者の生命は最も大きな保護法益であり，患者にとっては，医療行為を提
供してくれる医師は専門職であるから，必ず自分にとって最適な医療行為を提
供してくれるはずであるという期待権がある。信頼して医療行為を選択し，契
約するのである。この専門職に対する利用者の期待を，保護法益として保護さ
れる。したがって，この期待に反し本来の医療行為の水準に達しない場合に
は，期待権の侵害（不法行為）として，損害賠償責任の対象となり得るのであ
る。

　医師は専門的見地からの医療行為を適切に行い，その選択した方途を実行す
ることが求められ患者に対して説明責任がある。最高裁判所（平成12年9月22
日）判決[10]によると，医療契約の過程で，医師が水準にあった，期待される医
療行為を履行せず，仮に，水準にあった医療行為をしていたならば，その時点
では死なないですんだはずであると高度の可能性が認定された場合，単なる診
断ミスによる医療過誤としてではなく，期待権の侵害（期待を裏切った）とし
て，不法行為責任が認められるとしている。

（2）法的責任や金銭賠償を超えた新たな解決方法

　今日では，明確な精神的疾患とまでは分類されない人格的障害を抱え，生活障害に遭遇している市民の潜在的人数の規模は計り知れず，医療行為においても重要な位置付けとして関心が払われなければならない。このような現状の下では，「目に見えない」本人の無意識下に横たわる真意を示唆するものとしてのさまざまなシグナルをより適切にキャッチする知識や技術の習得は，大切な医師の資質となるであろう。医療訴訟を回避するためには患者の「心」のセンサーを感知し，無意識下の意思（真意）を汲み取ること[11]である。

　医師が医療行為に必要な視点は，患者のニーズを充足させ，また，ニーズは単に患者本人によって言語として明確に伝えられたものにとどまらず，意識化されていない本人のニーズを本人の言語の端々や態度など，全身，全体から発せられるシグナルから把握することが大切である。つまり，訴訟対策（紛争化した場合の事後的対応）ではなく，「目に見えない」本人の無意識下に横たわる真意を汲み取り，不信感を増幅させない視点が大切である。

4 法的責任や金銭賠償を超えた新たな医療事故紛争解決システム

　患者の個別性そのものに焦点を当てると，客観性や科学的根拠が見失われ，医師の主観的判断や勘・経験を重視するという結論に至り，医療行為の効果性や有効性を探求する統一的・理論的なシステムが構築しにくいことへの懸念がある。しかし，医療行為は患者の個別性と集団との関係性を対象とし，患者という個人を中心に据えた実践活動である。その活動のためには，患者という生身の人間が困難な状況に立ち向かい，患者自らが行動様式を選択・決定し，よりよい幸せづくりのために創意工夫する必要がある。また，その患者の主体性・自主性を尊重しつつ，補助的機能として医師がどのようにシステムに基づいて対応しなければならないのかという現実問題が生じる。

　このような現実を軽視して，単に医療行為の理論的な方法としての技術，枠組み，医療行為のシステムだけを論じても，またいかに患者の人間的視点を強調した医療行為を提供しても，それが受動的に得た受け売り的知識だけでは，患者の幸せづくりに貢献できる真の人間味にあふれた生活にならないであろ

う。患者の価値観がさまざまであると同様に，支援する医師の資質もさまざまである。したがって，患者と医師との関係性において内在する潜在能力によって形ある幸せづくりを構築していく必要がある。患者と医師との個性を認め合い，両者の創造性，独創性を活かして，両者の幸せを作品として構築することが大切である。

　もともとある統一的・画一的な設計図を念頭に医療行為を提供することも必要であるが，患者と医師それぞれの性格や特徴を活かして共同作業によって特有のスタイルをつくりだし，新たな幸せづくりを生み出すことが必要である。例えば，ありの巣やはちの巣はもともと設計図がなく，互いの信頼関係に基づいて，共同作業により住み処を構築し生活をしているのである。

　医師から患者に対して「〜しなさい」「〜してはいけない」ということを，一方的に価値観を押し付けると患者は反発や拒絶反応を起こす。このことは患者の主体性の尊重が侵害されているからである。患者のみならず，本来主体性を尊重することは，社会生活においてもつべき基本的な人権思想である。

　主体性の多くの部分はその人が必要としていること，求めていることによって成り立っている。医師が患者の主体性を把握するとき，それはその人の「必要としていることと求めていること（必要と求め）」を把握することでもある。一般的な知識やデータだけでは患者のすべての主体性を理解することはできない。知識やデータはあくまでも，患者の過去の状況を理解するための基礎的情報にすぎない。患者一人ひとりの生活の主体性，生活者の「必要と求め」の視点は，患者それぞれが創り上げた固有の意味の世界である。それを把握・理解し，受け入れることは受容の世界でもある。医師が患者の主体性，尊厳，人間性を理解し，受容できるかどうかは，医師の知識や価値観や生活信条が前提となるが，それ以上に，医師の感性や柔軟性などの，医師の技量によるところが大きい。つまり，医療行為は医師と患者自身の知性，価値，経験，感性などの融合による独創性，固有性から生まれる面もあることは否定できない。

　医療行為は患者と医師との相互作用によって創り出すもので，両者のもつ価値観，感性，技術を駆使した洗練された行動による創造的行為ともいえる。つまり，その人間性を通して，創られたものや表現される主体的行為のこととい

えよう。ここには，患者のこれまでの経験，思考などによって培われた緻密性，感性を通して，患者に内在する価値を具体化する創造的産物が含まれているのである。

　この創造的な行為には，医療行為における実践に有意義な示唆を与える多くの要素を含んでいるのである。以下，今後求められる医療の資質について論じる。

（1）対人関係について

　医療行為は基本的には医師と患者との対人関係を基軸にして，患者の環境との相互関係に関わり，医師が病院という環境の中の患者との対人関係を用いて環境の改善を追求していく過程と見なすことができる。患者が病院という物理的環境と対峙するときには，主観的な人間性はあまり必要とされず，客観的な方法，対策，過程，結果などの形式や有効性が中心となる。しかし，対人関係は方法，対策，システム，結果も重要であるが，医療費用と交換される医療行為の内容や質が問題なのである。客観的には整然とした医療行為の方法や過程が用いられたとしても，形式的で充たされても，対人関係に必要な温かさのある相互交流は生まれない。対人関係は多様な価値観，信念，情緒との複雑な相互作用が必要となるからである。

　現場における医療行為の現実は，定式化した方法や技術だけで，進歩的展開が期待できるほど容易なものではない。一人ひとりの人間がすべて違うように，そこに生まれる対人関係も日々進化し，一つとして同じものはないはずである。したがって，医師の感性や思考，経験を基にした洞察的予測などによって，より効果的な方途や技術の組み合わせ，発案を行うという裁量が求められる。そこには，知識・データには記されていない，医師や患者の独創的な援助や対処に関する対人関係が求められているといえる。医療行為の知識・データ的視点は，もちろん重要であるが，それを基礎にした患者と医師のそれぞれの固有の独創性が尊重されなければならないのである。

（2）システムについて

　患者と医師との関係において生まれる医療行為は多様な要素からでき上がっている全体であり，環境との相互作用によって営まれるものである。医療行為

を統合的全体として捉える傾向にあるが，実際に起こる現実は，人と人との出会いであり，全体的把握の理念は知りつつも，人のある要素や側面によって，人間の評価や判断は大きく影響される。医師において，粗野な態度や言葉で接してくる患者に対して，医師は冷静かつ公正にこの患者の全体像を把握することが可能であろうか。ここで求められるのが，医師の技量である。患者の生活状況を冷静に把握しながら，また患者の現状認識や問題認識の方法を，医師の独自の視点で理解・解釈することによって，偏りのない一貫性をもった患者のニーズを把握することが可能になる。

　患者の生活はある種のストーリー（物語）[12]であり，その患者のストーリーの解釈と理解を把握するためには，医師の情感や感性が必要である。既存の知識・データという論理的枠組みや知的合理性を基礎に，このような情感や感性という技量によって，患者の幸せを真に理解しうると思われるのである。

（3）価値観，知識，技術，方法，環境などの統合体としての医療行為

　医療行為の中核をなす要素は，患者と医師の価値観，知識，技術，方法，環境などであるが，それらは個別に，階層的に組み合わされているわけではなく，それらは，いわば渾然一体となった統合体となっている。しかし，この統合体は，常に均一で混合するのではなく，医療行為の内容によってはある種のものが強制されたり，あるものはあまり重視されないことがある。この強弱の複雑な混合によって，医療行為の内容はその姿を少しずつ変える。例えば，医師が患者に語りかけるという人間性を強調する医療行為など多様である。このように，医療行為に多種のアプローチ方法があるが，医師が医療行為のどの要素に強弱をいれているかで，医療行為の質が変化しているのである。

（4）洞察と創造性

　医療行為には洞察と創造性が必要である。患者の問題状況，出来事などに対して医師がもっている知識，情報を基礎に洞察を加え，患者の「必要と求め」をキャッチする分析思考能力が必要である。このような分析思考能力は，医師の洞察力にかかっている。患者の些細な言動一つひとつをつなぎ合わせ，一つの文脈の中で分析的に理解するためには，創造や推量を喚起する深い洞察力が求められる。患者の行動の背景に流れる根拠を考察し，思慮を深める必要があ

る。そのためには患者の情報，知識・データを分析・評価し，そこから想像力を駆使する洞察力が必要である。

　また，医療行為には，創造性も必要である。既存の知識・データを患者への医療行為にそのまま反映させることは，医師の思考力，独自性を困難にする。患者の価値観は常に変容している可能性が高いため，より新しい，効果的な医療行為の方法や技術を追求し，自ら積極的に固有の医療行為目標を設定する創造性が必要である。たとえ失敗しても，創造的行動の積み重ねによって医療行為の自己調整，自己改善，チャレンジ精神が生まれ，結果的にはよりよい医療行為につながるのである。

（5）交渉について

　医師は患者のニーズに見合うサービスの提供を求めて，他の関係機関と話し合いをもちながら患者のニーズを充たすサービスの供給が行われるように交渉しなければならないことがある。医師が患者の要求を主張し獲得するには，組織の要求や提案を拒否する形態がある。医師は相手方に対して患者の現状におけるデータや事実を示し証明することによって，理解させ説得へと導き，また，相手方の矛盾や問題点を指摘することにより，改善・改良を要求し，結果として患者のニーズが充足される状態をつくり出していくことが必要である。ただし，交渉の場合は相手の立場を理解し，妥協や譲歩を必要とすることもあるため，交渉を行う医師の能力，機転，判断が大きな役割を果たす。

（6）観察について

　医師が対象にするのは，患者と環境と両者の相互関係の主に3つの分野である。患者の現状を言葉だけではなく，視覚的に見極めることによって，患者の言葉には表されなかった部分を認識し，真実の姿や，環境との関連によって問題を把握することである。対人関係は対人技法で多くの側面が把握できるが，環境は観察しないと理解できないことが多い。例えば，入院環境を観察するとき，陽当たり，騒音，プライバシーの守れる部屋，スペース，バリアフリー化の程度など観察して初めて問題点が理解されることがある。特に，人と環境の相互作用や適合性を中心に，環境の質を観察する必要がある。この観察によって少なくとも改善の方向性や問題に関連する環境との相互関係を明らかにでき

る。この技法には医師独自の注意力，理解，解釈の能力が必要である。

　以上のように医療行為は，患者の生き生きとした活性のある生活と，保有す
る残存能力を最大化することによる自己実現であるが，これは患者本人が創り
出すものである。そして，医師が知識やデータに基づいて技術，環境を駆使し
た方法をもって，患者の感性を支えることが必要である。真の医療サービスは
医師自身の取り組む姿勢にかかっている。このような医師の技量，感性，情
熱，努力などの「見えてこない」日常的道徳感覚に基づく対応こそが，患者と
の感情的コンフリクトを解消し，今後の医療事故紛争解決システムとしての質
の高低を定めるものといえよう。

〈注〉
1）『判例時報　1620号』104-111頁
2）和田仁孝「法廷おける法言説と日常的言説の交錯—医療過誤をめぐる言説の構造とアレゴリ
　　ー—」棚瀬孝雄編著『法の言説分析』ミネルヴァ書房（2001年）59頁
3）1997年6月13日関西地区放映　毎日放送「映像90本人訴訟」
4）吉川吉衛『企業リスクマネジメント』中央経済社（2007年）2頁
5）小松丈晃『リスク論のルーマン』勁草書房（2003年）1-4頁　小松によると，建物が地震
　　に弱い造りになっていることを知っていて引っ越すこともできたのにあえてそこにとどまり，
　　あり得べき損害が自分の決定に帰属できる（自己帰属）なら，それは「リスク」である。他方，
　　建物の倒壊によって被るさまざまな損害を，地震が起こったという「自然」の出来事に帰する
　　（外部帰属）のなら，未来における建物の倒壊の可能性は，「危険」である。
　　Luhmann, Niklas. (1991年) *Soziologie des Risikos*, Walter de Gruyter.　アンソニー・ギデン
　　スは，今日の社会においては，行為を行わないことこそがリスクに満ちている場合が多いでは
　　ないかと異論を唱えた（Giddens 1990:32=1993:48）。また，ベックは，原発事故のような大規模
　　な事故のリスクや生態系破壊のリスクなどの現代的リスクは個人補償の可能性を超えており，
　　このようなリスクを，直接に知覚することができない「非知」という概念によって，不可避的
　　に，半ば「宿命的」に関わってしまわざるを得ないものと捉えている。
6）小松丈晃・前掲書5）32-33頁　小松によると，たとえ自分の選択によって関わることにな
　　った危険性だとしても，それを（戦略的に）「危険」として構成する（外部帰属する）ことは十
　　分可能である。例えば古い家屋が建ち並ぶ歩道を，屋根瓦が落ちてくる可能性を十分知りつつ
　　も，あえてジョギングをする場合である。このとき，別の歩道を選択すればけがはし得ないと
　　思いつつも（その意味でけがが自分自身の選択に帰属され得ることを十分認識しつつも），その
　　けがの可能性を，当該家屋の家主による屋根瓦の管理不行届きに帰属させ，「危険」として観察
　　することは十分あり得る。あるいは逆に，自分としては突然の「不運」（「危険」）のつもりでい
　　ても，その後のコミュニケーション過程の中で，社会的に「それはあなたの選択のせいである」
　　というかたちで「リスク」として構成されるなどという事態も半ば日常茶飯事である。したが
　　って，リスク／危険の区別は，単に能動的か／受動的かということではなく，（社会的な）観察
　　の様式の相違である，とする。

7）福井康太「リスク志向社会の紛争とコンフリクト・マネジメント」日本法社会学会編『法社会学　リスクと法　第69号』有斐閣（2008年）45頁　福井は，ケア的コンフリクト・マネジメントは多様であり，「被影響者」と「決定者」の利害調整，「被影響者」の求める情報開示ないし事実解明，そして不信感形成の原因が「決定者」にあるような場合には謝罪をも含め，「中立的第三者」による調停的仲介が重要な役割を果たすとする。

8）大橋謙策「わが国におけるソーシャルワークの理論化を求めて」『ソーシャルワーク研究vol.31』相川書房（2005年）16頁

9）秋山薊二「アートとしての援助技法」太田義弘・秋山薊二編著『ジェネラル・ソーシャルワーク』光生館（2002年）144頁

10）社団法人シルバーサービス振興会『事故防止・事故対応の手引』法研（2003年）27頁

11）志田民吉『臨床に必要な人権と権利擁護』弘文堂（2006年）31頁

12）拙稿『要保護的法主体像の理論構築』南窓社（2011年）51頁　利害の対立や価値の対立のように，単純な「語り」対「語り」の対立構図だけではなく，相手方の語りは，自身の語りを構成するひとつの要素として自己の語りの中に取り込まれているからである。そして，その取り込んだ相手方の語りの中には，また自身の語りが固有の解釈の仕方で取り込まれている。そこには，相互に相手の，あるいは別の関与他者の語りを，解釈を通じて包含した，複雑な語りの錯綜がみられるのである。
　語りは，他者の語りを関係性という要素として含みつつ構成されるという構造をもつ。語りは，話し手が自由にストーリーをつくり上げることのできるいわゆる文学の領域に属するものと考えられてきたのに対して，現代の語りは，歴史的な記述や社会科学，精神分析的な現場など，広汎な人間的な営みという関係性の中で，物語を発見していくものである。
　紛争とは，相互の語りの不安定化した状況であり，包含された他者（相手方）のそれとの齟齬が存在している状況である。そして，不安定化した語りを安定化させていこうとする営みが紛争行動であり，紛争解決行動である。つまり，紛争を通じて，当事者が語り合うことにより，互いの矛盾や不安定要素が明らかになり，真相究明，謝罪，同種事故の再発防止につながるのである。また，事案によっては紛争の「場」は，事実を認定して金銭賠償を追い求める「場」ではなく，当事者の秘めている「物語」を表出し，不安定化した状況を安定化する「場」であるように思える。

第2節　地域教育行政とリスクマネジメント
―学校事故裁判例から―

1 はじめに

　文部科学省「平成30年度公立学校教職員の人事行政状況調査」の結果によると，教育職員の病気休職者数は，全教育職員数の0.86％にあたる7,949人，このうち，精神疾患者が5,212人と病気休職者の65.6％を占めた。精神疾患による休職者は，この10年間5,000人前後で推移し前年度（2017年度）から135

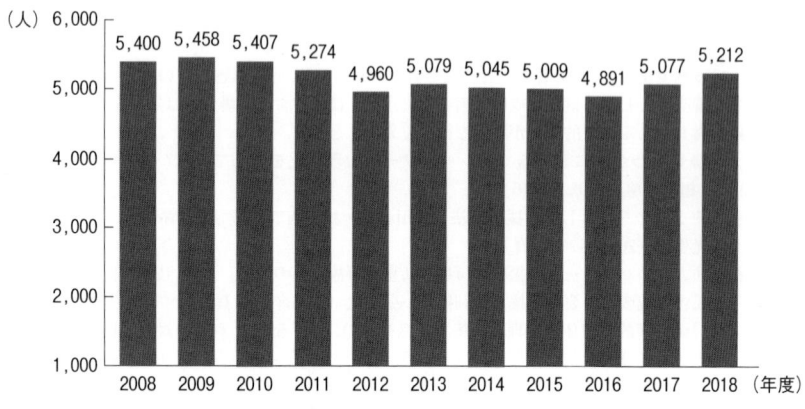

図1－1　教育職員の精神疾患による病気休職者数

出典）文部科学省「平成30年度公立学校教職員の人事行政状況調査」より筆者作成

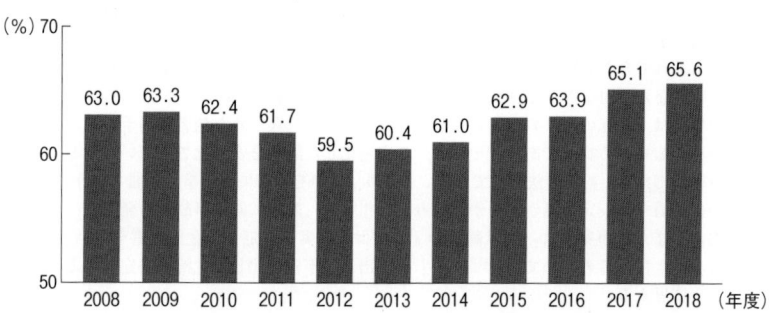

図1－2　教育職員休職者全体に占める精神疾患患者の割合の推移

出典）文部科学省「平成30年度公立学校教職員の人事行政状況調査」より筆者作成

人増加している[1]（図1－1，図1－2）。

　このように最近10年間は精神疾患者が病気休職者の6割前後，精神疾患による休職者は5,000人前後で推移している。このような現状に対して法制度では，「合議制の執行機関である教育委員会，その代表者である委員長，事務の統括者である教育長の間での責任の所在の不明確さ，教育委員会の審議等の形骸化，危機管理能力の不足」といった課題が指摘されたため，2014年に地方教育行政の組織及び運営に関する法律の一部を改正し，①教育長および教育委員会の権限と責任の明確化，②政治的中立性，継続性・安定性の確保，③首長

の責任の明確化を図った[2]。

　また2007年，教育再生会議の提言により，全国の教育委員会に「学校問題解決支援チーム」が整備されるようになっている。弁護士，精神科医，臨床心理士，精神保健福祉士，警察官OB，大学教員などの専門家で構成され，学校関係者からの相談に対して，専門家が事案の整理・分析を行いながら，警察やその他関係機関との連携を視野に入れたアドバイスや支援を行い法律問題では法的なアドバイスを行う施策を講じているが[3]，精神疾患者の割合や数は前述のように一向に改善の兆しがみられない状況である。

　文部科学省からは，これらの精神疾患者の具体的な要因や背景が提示されていない。そこで本稿では，毎年病気休職者のうち約6割の教職員が精神疾患で休職しているその背景には何があるのか，本来尊敬・感謝されるべき教職員がなぜ精神疾患者に陥るのか，学校事故裁判例を踏まえて現代の地域教育行政の課題と対策について考察を加えることとする。

2 地域教育行政の意義

　そもそも地域教育行政とは，法制度においては教育基本法第13条において，「学校，家庭及び地域住民その他の関係者は，教育におけるそれぞれの役割と責任を自覚するとともに，相互の連携及び協力に努めるものとする」と定めている。また，地方教育行政の組織及び運営に関する法律では第1条の2において，「地方公共団体における教育行政は，教育基本法の趣旨にのっとり，教育の機会均等，教育水準の維持向上及び地域の実情に応じた教育の振興が図られるよう，国との適切な役割分担及び相互の協力の下，公正かつ適正に行われなければならない」と定められている。この条文により，地域教育行政とは学校・家庭・地域住民が相互に連携協力し，地域の実情に応じた教育の振興が目的といえる。また，教育基本法第10条では「父母その他の保護者は，子の教育について第一義的責任を有するもの」と定められている。

　『平成30年度文部科学白書』によると，学校は「地域とともにある学校」へと転換し，地域社会の中でその役割を果たし，地域とともに発展し保護者や地域住民等と共有し，地域と一体となって子どもたちを育むことを目的とし，

「地域学校協働活動」を推進している[4]。このことは，学校側に地域でどのような子どもたちを育て，何を実現していくのかという目標を保護者や地域住民と共有することが求められており，家庭教育だけに第一義的責任を求めることは困難であることを示している。つまり，現代の教育行政は，家庭の教育力が第一義的な責任となっていても，実質的には学校教育に依存せざるを得ない状況になっている表れである。

　総務省「平成29年度地方公務員の過労死等に係る労働・社会分野に関する調査研究」において，教員と教員以外の公務災害認定件数において，精神疾患事案28件における公務災害の認定理由とされた主な過重負荷が認められる職務従事状況（重複回答）をみると，「住民等との関係」（14件，50.0％）が最も多いことが明らからになった[5]。このことは，地域住民との関係においても教職員の精神疾患の原因の一因があることを示唆しているものと考える。

③　教職員の精神疾患の現状

　全国の国公私立の小中高など5,600校（有効回答3,762校）と，各校で働く教職員5万6,456人（同3万5,640人）を対象にした教職員調査結果（2017年度厚生労働省・文部科学省合同調査）によると，業務に関連するストレスや悩みの内容は，「長時間勤務の多さ」（43.4％）が最も多く，次いで「職場の人間関係」（40.2％），「保護者・PTA等への対応」（38.3％）であった[6]。『平成30年版過労死等防止対策白書』では，2016年度に脳・心臓疾患や精神疾患で公務災害認定を受けた公立の小中高の教職員51人についても分析した。学校別では中学校25人，小学校20人，高等学校5人，特別支援学校1人であった。中学校の教員の多くが担任と部活動の顧問を兼ねており，認定の要因となっていると指摘し，また対策として勤務時間や職場の人間関係に加え，保護者や生徒との関係など教職員特有の環境についてのストレス対策の重要性を指摘している[7]。

　同白書の中で，教職員のストレスの原因として特に「保護者の対応」が上位にあげられている。地域教育行政は学校と保護者とが車の両輪のように協力し合うようにすることが基本であるが，学校・教師に苦情が寄せられた場合に，保護者の攻撃に専ら防御の姿勢を貫いている。この点，教師の防御の姿勢を示

した次の事案と判旨が参考となる。その事案は小学校の教師Xに対して，保護者が「あんな馬鹿教師を教師にしておくことが間違いで，辞めさせた方がいい」と公言し，校長はXを学級担任から外したことから，Xは校長・区・都，保護者に対して名誉毀損行為を理由とする損害賠償を請求した事案である[8]。

　判旨では「仮に父母らが担任教師に対する不平・不満を談合し，その内容が教師としての能力や指導方針に関する批判や非難に及ぶことがあったとしても，それがいたずらに担任教師に中傷を加えるものでない限り，受忍すべきものである」とし，判決では教師は保護者からの批判や非難に対しては教師側に受忍という我慢を求めているのである。このように保護者の不平・不満に対しては，判決では教師側の受忍義務を求めていることから，現状において教師は「保護者の対応」に受け身となり苦慮しているものと思われる。

4 学校事故裁判例とリスクマネジメント

（1）事案の概要

　公立高校の剣道部の活動中に熱射病を発症し，亡くなった生徒の遺族が，顧問であった教師らに対して損害賠償責任を負わせるという求償権を求めた住民訴訟において，遺族側の主張を一部認めて，県と市が肩代わりした約4,600万円の損害賠償金のうち100万円を主顧問であった教師に請求するように県に命じた，いわゆる「部活動中の死亡事故にかかる教諭への求償権行使を怠る事実違法確認請求事件判決」がある[9]。

　本判決で注目されたのは，公立学校教師が個人として学校事故の損害賠償責任を負うことになった点である。この事案は，猛暑の夏休みの剣道部練習中，顧問は高校2年生の剣道部部員（17歳）一人だけを「できていない」と残し，1時間以上水分補給をさせず，打ち込みを続けさせ，その後，竹刀を落としたのに気付かず竹刀を構える仕草を続けるといった明らかな異常行動を呈し，ふらふらと歩き出し壁に額を打ち付け倒れた部員に，顧問は馬乗りになり，「演技をするな」と何度も頬を平手打ちした。部員は嘔吐し，意識を失くしたため，ようやく顧問は救急要請したが，結果的に部員は熱中症で死亡した事案である。

（2）原告と被告の主張と判旨

〈被告の主張〉

　部活動は，学校の教育計画に基づいて行われる教員の本務としての活動と位置付けられる一方で，その指導が正規の勤務時間外に行われる実態があるにもかかわらず，その対価として僅少な教員特殊業務手当（部活手当）が支給されるにすぎないなど，教員の熱意や献身的な努力によって支えられるボランタリーな性格を有しているものである。にもかかわらず，懸命に指導に当たる教員に重過失が認められた場合，直ちに求償されるようなことがあれば，教員による部活動を通した教育活動を萎縮させるおそれが高く，部活動自体が維持できなくなり，教育活動に弊害が生じ得る。加えて，顧問は，剣道場の大型扇風機1台および10リットル入りタンクを自費で提供し，また，窓の開放ができるよう学校に網戸設置を依頼するなど練習環境の整備を行っていた。以上の事情からすれば，県の顧問らに対する求償権があるとしても，信義則上相当程度に制限されるべきである。

〈原告らの主張〉

　本件は，県の組織的関与や監督の下に生じたものではなく，県の負担を考慮する必要性はない上に，そもそも，本件事故が，部活動指導者の多忙や疲労等を原因として監督懈怠の結果生じた偶発的なものではなく，体罰をも交えた過酷な部活動指導の末に生じたものであり，部活動の指導の範疇を大きく外れた極めて異常な行為によって発生したものである以上，求償権行使を制限することは妥当ではなく，県は顧問らに対し，その全額について求償することができるというべきである。

〈判　旨〉

　判決では次のような点で顧問の損害賠償責任を認めた。顧問が，部員が竹刀を落としたのにこれに気が付かずに竹刀を構える仕草を続けるといった行動を取った時点において，部員の行動が熱射病に起因する意識障害の発現としての異常行動であることを容易に認識することができたのに，指導に熱中し，自身の経験を過信して，それを熱射病の症状と疑うこともなく，何ら合理的な理由もないのに，安易に演技であると決めつけ，練習を継続させ，救急車の出動要

請までの時間をいたずらに浪費したものであり，直ちに，部員について練習を中止させることをせず，また，直ちに，医療機関へ搬送することも応急措置として適切な冷却措置を取ることもなかった。

　それに加えて，顧問は，意識障害の発現としての異常行動を示していた部員に対し，あろうことか，「演技するな」などと述べながら，部員の右横腹部分を前蹴りし，ふらつき倒れた部員の頬を叩き，さらに，立ち上がったものの壁に額を打ち付けて出血し，再び倒れた部員に対し，その身体の上にまたがり，「演技じゃろうが」などと言いながら，10回程度，その頬を平手打ちにしているのであり，その後，ようやく練習を終了させ，部員に水分を取らせ，応急措置として保冷剤で冷やすとともに，大型扇風機を部員に近付かせるなどしていたものの，しばらくした後，部員が嘔吐するなどした様子を見て，ようやく救急車の出動を要請したというのである。このように顧問は，熱射病を疑わせる症状が次々とみられ，体温を下げることができずに時間が経過すれば，死亡する危険が高いといえる状態に至っていた部員に対し，その症状を正確に把握せず，直ちに体温を下げるため適切な措置を取らなかったばかりか，その全身状態を悪化させるような不適切な行為にまで及んでいるのである。

　顧問は，前蹴りをしたり，再度倒れた部員の身体の上にまたがり，その頬を平手打ちした意図について，気付けであるとか，疲れていて気持ちが気弱になっていたので，奮い立たせるつもりであった旨述べているが，既に熱射病の症状である意識障害を生じている部員に対して，体温を下げるために何ら有効なものではなく，疲労など体調の悪さが体温調整機能を低下させることなどからすれば，その行為は部員の全身状態を悪化させるだけの不適切なものというほかない。

　このように顧問の行為は，自らの職務上の立場において負うべき注意義務の内容に照らせば，わずかな注意を払えば，部員の行動が演技ではなく，熱射病に起因する意識障害の発現としての異常行動であること，ひいては放置すれば死亡する危険が高いことを容易に認識し得たのであるから，部員について直ちに練習を中止させ，救急車の出動を要請するなどして医療機関へ搬送し，それまでの応急措置として適切な冷却措置を取るべき注意義務があったにもかかわ

らず，単にその注意義務を怠ったにとどまらず，部員の全身状態を悪化させる
ような不適切な行為にまで及んでいるのであるから，その注意義務違反の程度
は重大であり，その注意を甚だしく欠いたものということができる，として求
償権を認定し損害賠償責任を認めた。

（3）遺族のコメントの意義とリスクマネジメント

　次に，下記の遺族のインタビュー記事[10]に教師に対する裁判まで踏み切った
理由が述べられている。

① 「私たちは，本当に顧問の個人責任を問いたかった。これだけのことをや
　　った人間に対しての何の責任も問えない，ということ自体が許せなかっ
　　た」

② 「勝ち負けとかではなくて，とにかくこの人たちに個人責任だけは問わせ
　　たかったので，いくら負けと言われても私たちの中では負けじゃないんで
　　すよ，通過点」

③ 損害賠償金4,600万円の受け取りを拒否したことに対して，「もう借金し
　　てでも，どれだけ貧乏になってもやるよっということで，主人も私ももう
　　断固としてお金を受け取るつもりはなかったです」

④ 「求償権が行使されて，間接的にあっても個人責任が問われるようになっ
　　たら，学校でこれだけのことをやってしまったら，自分達個人が責任を取
　　らなくてはいけない，ということが先生たちの気持ちの中に芽生えると思
　　うんです。振り上げた手をこれ以上，上にあげてしまったら，この子がど
　　うにかなったら自分の責任だとなった時に，この手を降ろすんじゃないか
　　と，これが狙いなんですよ」

⑤ 「この振り上げた手で叩いてやろうと，これ以上やってやろうと思ってい
　　るこの気持ちをこれで断ち切ることが出来たら，その子はきっと死なずに
　　済むんですよ。だから私たちが見ているのは，もう自分の子どもではなく
　　て，全国の子どもたちなのですよ。私たちはとことんやらなきゃいけな
　　い，前例をつくらなきゃいけないのが今の思いですね」

⑥ 「私たちどれだけ潰されて，踏みつぶされて，踏みにじられてということ
　　多いんですけど，県からもやられるし，でも起き上がり，立ち上がるのは

　　自由なんですよ」
　⑦「一円でも本人に払わせるっていう判決がでたのはよかった。画期的だと
　　思いました」
　このような遺族のコメントが意味することは何か。思うに，遺族は最大限の
金銭賠償を勝ち取り，和解による確定的獲得を最重要とする考えではない。当
初，法廷を支配していた金銭賠償や和解という専門的な法的言説より学校・教
師の権力性と「法の問題は法で解決するのが正しい」という法イデオロギーと
いう法的言説の相関的な作用の中で，遺族は子どもを亡くしたという悲しさが
凌駕となり，納得ができないものは受け入れられないという，その最後の線を
もち続けているように思われる。
　子どもを亡くした遺族は，教師が処罰を受けても，子どもが戻ってくるわけ
ではなく，悲しみや嘆きが新たに沸き起こり，処罰が教師の免職でない限り，
現在の職務を全うできる立場であれば遺族は憤りや悔しさが新たに生じるので
ある。教育の紛争は，子どもの転校や退学，教師の異動・退職がないかぎり，
子ども・保護者と学校・教師との間の関係は続くことから，人間関係を考慮に
入れることが大切である。
　教師の過失で子どもを死亡させた場合に，学校・教師に損害賠償を請求して
訴訟を提起した遺族が，二度とこのような事故が起きないようにするために裁
判に踏み切ったとの談話を発表するが，遺族としては，勝訴して賠償金を手に
しても，事故の核心部分は全面的に解決とは言い難い。紛争の解決は，二度と
事故を起こさせないという再発防止と学校・教師の誠意ある謝罪である。つま
り，遺族解決満足度は，遺族がどの側面の解決を望んでいるのかが，今後の遺
族対応の本質的な部分と考える。

（4）部活動の「熱心な指導」とリスクマネジメント

　本件の判決文において，剣道七段の剣道部顧問が熱中症で意識障害を起こし
た生徒に打ちこみ稽古を続けさせ，横腹部分を前蹴りした上，倒れてもなお救
命措置をせず，頬を平手打ちする等の体罰になぜ及んだのか，しかも学校は
「熱中症対策」と題する文書を交付して注意を促しており，顧問は剣道場の大
型扇風機1台および10リットル入りタンクを自費で提供し，また，窓の開放

ができるよう学校に網戸設置を依頼するなど練習環境の整備を行っていたことから，熱中症の安全配慮を可能な限り施したものといえよう。ここで注目すべき点は判決において「剣道部顧問が，主将であり部員の中で唯一段位三段を有していた部員に対する期待等とも相まって，指導に熱中する余り許容限度を超える指導を行う中で生じたものとみられ，そのような指導が行われていた中で，その場に立ち会っており，顧問を制止すべき立場にあった副顧問においても顧問を制止しなかったという状況も認められる」という点である。剣道三段の生徒への期待感が熱心な指導の許容限度を超える指導につながり，結果的に熱中症の処置に影響を与えた点である。この点を物語っているのは，顧問に対し，生徒が「もう無理です」と述べたにもかかわらず，顧問は「何言いよんのか。お前はキャプテンだろうが，お前の目標は何だ」などと問いかけたところ，生徒は，「県制覇です」「俺ならできる」などと答え，練習を継続することになった点であろう。顧問がそのような状況に至った背景はどこにあるのであろうか。

　そもそも部活動は，学習指導要領において，「生徒の自主的，自発的な参加により行われる部活動については，スポーツや文化，科学等に親しませ，学習意欲の向上や責任感，連帯感の涵養等，学校教育が目指す資質・能力の育成に資するものであり，学校教育の一環として，教育課程との関連が図られるよう留意すること」（平成30年告示高等学校学習指導要領　第1章総則第6款　学校運営上の留意事項）と明記されている。このことは勝利至上主義ではなく「学習意欲の向上」の一手段として部活動が位置付けられていることを謳っている。

　それでもなぜ，熱中症の可能性のある生徒を平手打ちしてまで指導するのであろうか。ここに地域教育行政の根本的な課題があるように思われる。部活動は，多くの教師が荷重負担と認識している一方で，そうでない教師もいる。つまり，部活動顧問が指導方法を分析し部活動に力を入れた結果，生徒が試合に勝ち，生徒と保護者からの信頼が得られるとさらに，荷重負担とわかっても上位の結果を求めて部活動に力を入れる。その結果，部活動は本来学校教育の一環であるという位置付けから勝利至上主義競争原理が優先される世界になり，お互いに休みたいけれど休めない状況，生徒・保護者が顧問に言いたくても言

えない状況こそが，本件のような過剰なまでの「熱心な指導」が醸成され，熱中症による死亡にまで及んだものと考える。

　学習指導要領上，部活動は「自主的」「自発的」な活動に位置付けられているがゆえに，際限なく過熱し，後戻りできない流れがつくられていく。しかし，ひとたび学校事故や問題が発生すると，「熱心な指導」が否定され，裁判という闘争に発展するのではないかと考えられる。複数の生徒が集まる以上，人間関係のトラブルは避けられないため，その対処するための時間もかかり，その火消しに気を遣い精神的に大きな負担を強いられることも，教職員の精神疾患の要因と考えられる。本件の剣道部顧問のように，競技経験者であるからこそ，生徒に力を付けさせたいと熱心に指導するあまり，過剰な練習メニューを課すため，生徒や保護者の不満分子の増幅につながっていることも否定できないと思われる。

5 地域教育行政の長時間労働の現状と課題

　前述のように地域や家庭の問題を学校が中心となって包括的に抱え込み，そのような状況で，教職員個人が1人で教科指導，生活指導，部活指導，地域貢献などのすべてをこなすことは，身体的に精神的にもかなりきついものとなっている。全国の小中高で働く教職員の勤務実態調査では1日の平均勤務時間は全体で11時間を超え，1人の教員は担任業務に加え，保護者への対応や部活動の指導など多くの業務を抱え込み，長時間労働が慢性化している実情が浮かび上がっている[11]。

　一方で2012年の文部科学省の調査によると，全国の小中学校の通常学級に在籍する児童生徒のうち，学習面または行動面で著しい困難を示すとされた児童生徒の割合が6.5％いることが判明した。つまり，「発達障害の可能性がある」児童生徒の割合は15人に約1人，1クラスに2人程度は発達障害の傾向があるということである[12]。

　今後は学校の教職員全体が協力的な雰囲気を醸成することが必要である。部活動のように多忙化が精神疾患の要因の一因になっていることは否定できないが，しかし，教職員の多忙が疲労になり，即，精神疾患に連動しているという

単線ではないと考える。児童生徒の発達障害の増加のみならず，むしろ，「熱心な指導」という努力が，時として感謝されるべき存在が否定され，失望感，孤立感などとなり，疲労が精神疾患の大きな要因になると考える。そのためには，熱心な指導により充実感，教員同士の協力により課題解決を遂げたときの満足感をもち続けられる環境づくりと学校事故の分析を教職員間で共有し，再発防止の協力体制の整備が必要である。

6 今後の地域教育行政とリスクマネジメント

（1）教職員の保険制度とリスクマネジメント

　教職員の民間の保険制度として，日本教育公務員弘済会と東京海上日動とが連携した「教弘まなびやスーパープラン」がある。この保険は，教職員個人の行為に対して損害賠償請求があった場合に教職員個人が負担する争訟費用，法律上の損害賠償金，初期対応費用および訴訟対応費用を補填する保険制度である。教職員賠償責任保険の延長補償において，保険期間終了後5年間は延長して補償することができる。2002年の設立当初の加入者件数は約2,000件であったが，2016年には1万件を超えている[13]。

　ただこのような民間の保険制度では，生命または身体の侵害による損害賠償責任が，債務不履行責任の消滅時効期間の民法改正により，10年から5年に短縮されたが，権利行使ができる期間は10年から20年に延長されたことから，教師が60歳定年の場合，80歳手前まで訴えられる可能性がある。

　毎年精神疾患者が休職者全体の約6割という現状においては，「リスクは繰り返す」「リスクは変化する」「リスクは隠れている」といったリスクの三様相により，リスクは千差万別，千変万化するがゆえ，リスク処理の選択は極めて重要であり，リスクマネジメントの核心をなしている[14]。「リスクは頻度と強度を変え，繰り返す」[15]が，今の地域教育行政の現状を如実に示唆しているように思われる。このような現状においては，教育の保険制度も精神疾患の軽減に一定の効果をあげているものと考える。

（2）今後の地域教育行政とリスクマネジメント

　本判決のように形式的・厳格的な訴訟手続きが求められる裁判において，事

実を認定し法律の条文を文理解釈し，「黒」か「白」かを一元的・両断的に解決することは，教育紛争においては，限界があるように思われる。また訴訟過程は復讐的・懲罰的な色彩が濃い手続きであるため，教育紛争においては，柔軟な解決が望まれる。この点，裁判外紛争解決（Alternative Dispute Resolution：ADR）がある。ADRは，紛争当事者が民事上の紛争を，訴訟によらずに，中立・公正で専門性を具えた第三者の関与の下，主体的に合意を形成することによって解決することを促す手続きである[16]。

　保護者と学校・教師の事案のように相互交渉では決裂し，厳格な形式性を重んじる裁判にはなじまない事案については，中立・公正で専門的な第三者の関与の下，紛争当事者が自発的・主体的に紛争の解決に臨み，非公開で柔軟な手続きにより，法規範にとらわれないで紛争の解決を目指す，このADRの手続き方式がよいであろう。

　地域教育行政は，教師が児童生徒に人格的形成に必要な知識や技能を働きかけるため，相互的である一方，保護者に対しても緊密に連携し，相互信頼の下に関係を継続することが求められる。児童生徒との紛争が生じた場合，退学・転校・卒業がない限り紛争が終結後も関係性は継続されるため，関係が修復され良好な関係性が求められる。保護者と学校・教師が直接交渉の場において，決裂した場合でも教育委員会等の主導の下，「話し合いによる解決」を第一義的に考えることが必要であろう。

　ルソーは「自分の財産を増やそうという熱心が，真の欲望からではなくむしろ他人を凌駕しようという目的から，すべての人に，たがいに害し合う悪傾向」が生まれたと指摘している[17]。

　つまり，人間は生まれながら平等でも所有権のために利害の対立が生じるのである。本学校事故の事案では，金銭賠償である民事訴訟，求償権行使の住民訴訟を提起し，一方で業務上過失致死容疑という刑事告訴をしたが不起訴処分が確定後，さらに遺族は顧問を消滅時効が20年である保護責任者遺棄致死罪容疑で刑事告訴をしている。

　ヘーゲルは「欲求をどこまで認めるべきか限界がなく，欲求を満たすあらたな手段が考案されると，それにともなって欲求もあらたに生じてくる」と説い

ている[18]。つまり，金銭賠償という欲求を勝ち取っても，刑事告訴で刑事罰を科すという新たな欲求が生まれてくるという点で，本刑事告訴の理由が当てはまるものと考える。

　本判決で指摘されているように，熱中症の知識があればあるほど高度の専門技術的な指導が求められ，より重過失が認定されやすく，しかも，前述の遺族のインタビュー記事のように，「勝ち負けとかではなくて，とにかくこの人たちに個人責任だけは問わせたかったので，いくら負けと言われても私たちの中では負けじゃないんですよ，通過点」「私たちどれだけ潰されて，踏みつぶされて，踏みにじられてということ多いんですけど，県からもやられるし，でも起き上がり，立ち上がるのは自由なんですよ」という遺族が顧問に発した言葉には，「社会あるところ法があり」という法諺があるが，教育の世界でも「教育があるところに紛争があり」ということを示しているように思われる。

　また，本来尊敬される教師・学校に対して，民事訴訟・住民訴訟，刑事告訴という「闘争」の背景には，今まで「聖域」といわれた地域教育行政に保護者からのリスクに対する対策の欠如があるように思われる。教師の精神疾患の増加の背景には，保護者からのクレームに対する教師自身のサポート体制の不備，また「学校問題解決支援チーム」があったとしても，教師個人に問題が発生した場合，他の教師に迷惑をかけたくないという責任感から自力で解決しようとする意識，教師間で危機感を共有し危機の発生を未然に防ぐという体制の不備があるように思われる。

　ジル・ドゥルーズに「生成変化を乱したくなければ，動きすぎてはいけない」という箴言がある[19]。動きすぎると他者との接続が過剰となりリスクが高まるため，動きすぎないことが大切であるという戒めの言葉である。過剰接続は自己破壊へとつながる可能性があるため，部分的な接続，部分的な関係性を保つことがリスクの軽減につながると考えられる。

　本件では剣道部顧問の「熱心な指導」という過剰な接続により，部活動の指導が過剰となり結果的に学校事故が発生したものと考えられる。つまり，「熱心な指導」が過剰となることはリスクを高める大きな要因となるのである。しかも対象である生徒は成人とは異なり未成熟な発達段階であるため，教師と生

徒は上位下達の関係性になりがちであり，生徒は教師に対して本件の学校事故裁判のように体調不良でも本音が言いにくい環境にある。

　今後の地域教育行政に求められることは，教師に「熱心な指導」をやめさせるのではなく，「熱心な指導」が過剰となることにブレーキをかけさせることである。児童生徒に過剰な期待をもち，もっと部活動をすればもっとうまくなる，今よりもっと強くなり勝てるという思いが無意識の中で増幅し，「熱心な指導」が過剰につながり，教職員の精神疾患の大きな要因の一つとなると考える。今こそ過剰ともいえる「熱心な指導」を自覚し歯止めをかけることこそが，教職員の精神疾患を軽減し，ひいては学校事故の軽減につながり，地域教育行政の質の向上につながるものと考える。

（3）働き方改革と新任教員の離職者防止対策における諸外国の施策

　日本労働組合総連合会の「教員の勤務時間に関するアンケート」[20]によると，小学校教員の72.9%が月80時間以上，55.1%が月100時間以上も時間外労働をしており，中学校教員ではそれぞれ86.9%，79.8%にも及んでおり，教員の長時間労働の実態が明らかとなった。

　このように教員の長時間労働が常態化している現状において，中央教育審議会から教員の働き方改革の一環として，教員の長時間労働などの解消策に向けた答申が発表された[21]。答申では①時間外勤務を「月45時間，年360時間」を上限とする。②自発的とされていた時間外の授業準備や部活動等の業務を「勤務時間」とする。③年単位で勤務時間を調整し，休日のまとめ取りをする「変形労働時間制」の導入を認める。④教員・学校・地域が関わる業務を整理して，担うべき仕事を明確にすることが示された。国がガイドラインとして提示したことは，教員の働き方改革の大きな前進だといえよう。

　一方で，学校の現場では，教員同士の連絡調整に依拠せざるを得ない現状においては，時間外勤務の上限等を定め，長時間労働を是正するというハード・コントロールだけでは，教員同士の意思の疎通が難しいように思われる。教員同士の絆，信頼関係というネットワークに焦点を当てたソフト・コントロールがリスクマネジメントにとっては重要である[22]。つまり，地域教育行政に必要なのは，教員同士の信頼関係を構築し，学校教育を通じて一人ひとりの児童生

徒の人格を尊重し，個性の伸長を図りながら社会的資質や行動力を高め，その結果社会貢献できるという共通の価値観を共有することである。

　また，2018年度の新任教諭の1年以内の退職も過去最多となっている[23]。現行の教育実習の期間では学生は2～3週間程度のみという現場体験しかなく，教員に採用されると，仕事の量や他の教員，保護者とのコミュニケーションの齟齬から離職することが考えられる。そのため，新任教員の離職を防ぐ方策としてオーストラリアの教育システムが参考となる。つまり，オーストラリアの教育養成機関の認定基準では，教育実習期間を80日以上とし，しかも3期に実習期間を分けて，養成段階での臨床的な学びと教員になった後に継続的に求められる学びとの連続性を学生・大学教員・実習先の学校に「責任を共有する共同体」として意識させ，学生と大学教員と学校現場の教員との連携を密にし，財政面では国レベルで支援している点である[24]。オーストラリアでは，日本のように，教員労働時間の量的改善に目標を置くのではなく，教員の「働き方」という質的な要素に改善を求め，教員希望の学生の質的水準の向上のために教員養成前段階から国家レベルで財政的に支援し，教員の質の向上を具体化するための調査研究を随時実施して，調査結果を教育機関に提供している。

　オーストラリアのように教員の質の向上のために実習期間の延長も重要であるが，さらに日本では教育インターンシップの活用の充実が求められるといえよう。学生の教員の学びのプロセスにおいて教育インターンシップを充実させ，学生が教員の資質に適合する素養があるかどうかを判断する機会を設けるべきである。つまりインターンシップでの事前指導や，インターンシップの目標，中間報告を学校の教員にプレゼンテーションする機会を通じて，学生自身の能力や適性，意欲を確認する機会を与えることによって，教育実習の補完的な役割が期待できる。また，教育実習期間の延長や教育インターンシップの導入により，教員の授業時間の負担軽減につながり，一方で教育現場の長期の実習や教育インターンシップを通じて学生の教員準備段階の充実が図られ，教育の質の向上に寄与できるものと思われる。また教員養成前段階から前述の学校事故の裁判例など，リスクの性質，適切にリスクを管理するための必要な知識や技能を教員養成大学・学部，大学院，高等学校などで実施し，地域教育行政

の現状課題に応答したリスク教育が今後求められるものといえよう。

〈注〉

1）47都道府県と20指定都市の公立の小学校，中学校，義務教育学校，高校，中等教育学校，特別支援学校の教職員の人事行政状況　文部科学省ホームページ参照
　http://www.mext.go.jp/a_menu/shotou/jinji/1411820_00001.htm

2）「今後の地方教育行政の在り方について（答申）」文部科学省ホームページ参照
　http://www.mext.go.jp/b_menu/shingi/chukyo/chukyo0/toushin/1335446.htm

3）豊中市教育委員会事務局「豊中市における『学校問題解決支援チーム』の発足から5年」『季刊教育法　No.178』エイデル研究所（2013年）4頁

4）文部科学省『平成30年度文部科学白書』（2018年）99頁

5）厚生労働省『平成30年版過労死等防止対策白書』（2018年）100頁

6）前掲書5）114頁

7）前掲書5）99-117頁

8）東京地方裁判所平成3年2月5日判決（『判例タイムズ　766号』257頁）

9）福岡高等裁判所平成29年10月2日判決（確定）（『判例地方自治　434号』60頁）原審：大分地方裁判所平成28年12月22日判決（『判例地方自治　434号』66頁）

10）インタビュー記事「大分県立高校生熱射病死亡　二度と同じことを起こさないために」『季刊教育法　No.193』エイデル研究所（2017年）14頁以下

11）前掲書5）108頁

12）前掲書5）108頁

13）インタビュー記事「保険会社から見る損害保険の動向」『季刊教育法　No.193』エイデル研究所（2017年）45頁

14）亀井利明［原著］・上田和勇［編著］『リスクマネジメントの本質』同文舘出版（2017年）32頁

15）上田和勇「まえがき」『危険と管理　第50号』日本リスクマネジメント学会（2019年）Ⅱ頁

16）森部英生「教育紛争とその解決・処理」『季刊教育法　No.162』エイデル研究所（2009年）62頁

17）本田喜代治他訳　ルソー『人間不平等起源論』岩波文庫（1960年）94頁

18）長谷川宏訳　ヘーゲル「法哲学要綱（主文）」ヘーゲル『法哲学講義』作品社（2000年）369頁，661-662頁

19）千葉雅也『動きすぎてはいけない』河出書房新社（2013年）64頁

20）「教員の勤務時間に関するアンケート」日本労働組合総連合会　2018年9月14日～18日の5日間でインターネットリサーチにより実施し，全国の公立学校に勤務する20歳以上の教員1,000名の有効サンプルを集計　https://www.atpress.ne.jp/news/168881

21）文部科学省「新しい時代の教育に向けた持続可能な学校指導・運営体制の構築のための学校における働き方改革に関する総合的な方策について（答申）」2019年1月25日
　https://www.mext.go.jp/b_menu/shingi/chukyo/chukyo3/079/sonota/1412985.htm

22）上田和勇「災害リスクマネジメントにおけるソフト・コントロール，ソーシャル・キャピタルの役割」『社会関係資本研究論集　第2号』専修大学社会知性開発研究センター　社会関係資本研究センター（2011年）　上田は規制，手順，手続きというハード・コントロールと倫理観，コミュニケーション，信頼などの無形資産であるソフト・コントロールとの組み合わせでアプ

　　　ローチするよりは，ソフト・コントロールをまずは重視すべきと指摘している。
23）文部科学省の調査によると，全国で2018年度に採用された公立小中高校，特別支援学校の教
　　諭のうち431人が1年以内に依願退職している。前年度比73人増となり，1999年度以降で最多
　　だった。理由は自己都合が299人で最も多く，病気を理由とした111人のうち104人が精神疾患
　　をあげた。前掲1）参照。
24）百合田真樹人「優れた教員の量的確保に向けたわが国の課題と諸外国における施策と根拠」
　　『平成30年度教員の養成・採用・研修の一体改革に資する国際的動向に関する調査研究プロジ
　　ェクト報告書』独立行政法人教職員支援機構（2019年）26頁

〈参考文献〉
・上田和勇「まえがき」『危険と管理　第50号』日本リスクマネジメント学会（2019年）
・上田和勇「災害リスクマネジメントにおけるソフト・コントロール，ソーシャル・キャピタル
　の役割」『社会関係資本研究論集　第2号』専修大学社会知性開発研究センター　社会関係資本
　研究センター（2011年）
・亀井利明［原著］・上田和勇［編著］『リスクマネジメントの本質』同文舘出版（2017年）
・千葉雅也『動きすぎてはいけない』河出書房新社（2013年）
・長谷川宏訳　ヘーゲル「法哲学要綱（主文）」ヘーゲル『法哲学講義』作品社（2000年）
・本田喜代治他訳　ルソー『人間不平等起源論』岩波文庫（1960年）
・森部英生「教育紛争とその解決・処理」『季刊教育法　No.162』エイデル研究所（2009年）
・百合田真樹人「優れた教員の量的確保に向けたわが国の課題と諸外国における施策と根拠」『平
　成30年度教員の養成・採用・研修の一体改革に資する国際的動向に関する調査研究プロジェク
　ト報告書』独立行政法人教職員支援機構（2019年）

第3節　介護事故と予見可能性
—介護事故裁判例からの一考察—

1 はじめに

　「平成29年度介護サービスの利用に係る事故の防止に関する調査研究事業報
告書」[1]によると，厚生労働省報告276事例事故状況分類において，介護施設
内で最も多い事故は，転倒・転落・滑落で65.6%（181件）を占めており，次
いで誤嚥・誤飲・むせこみが13%（36件）であるが，特に介護事故で注目すべ
きは事故状況が「不明である」が12%（33件）となっており，誤嚥等の事故と
ほぼ同率となっている点である。このような「事故状況」が不明であるにもか
かわらず，本来，被害者側が加害者側に「管理」責任を追及する事案があ
る[2]。

　一方で本人の強い希望と施設側の善意で施設側が刺身などの高級食材を提供
した結果，誤嚥になり死亡したケースについて，刺身等の食材を提供したこと
自体に施設側の責任が認められた事案がある[3]。

　施設側は利用者の身体・生命の安全を害することのないよう配慮し，事故を
防止するという安全配慮義務を負っている。この義務に違反したといえるため
には，施設側に予見可能性を前提とした結果回避義務違反があったこと，すな
わち，介護事故という結果が発生する具体的な危険性を予見することができ
（予見可能性），かつ回避することが可能であったにもかかわらず，これを怠っ
た（結果回避義務違反）が必要となる[4]。しかし，高齢者の介護事故の共通の
特徴としては，利用者自身の判断能力の低下により，介護事故を防ぐための事
故原因が特定しにくいこと，利用者本人の希望で施設側が善意でしたことでも，いったん事故が発生すると，事後的な介護事故という結果だけで管理責任
が追及されるのである。このように現実問題として，介護事故は予見がしにく
く，また予見がしにくい以上，結果を回避することも困難である。つまり，介
護事故につながる予見可能性が認められてはじめて，施設は結果発生回避行為
を適切に実行することが求められ，事故が発生すれば施設の結果回避義務が実
行されていなかったと評価され，施設側の義務違反が認められやすくなる。そ
のため予見可能性の有無が裁判の争点になる[5]。

　そこで，介護事故裁判例の予見可能性に関する裁判所の判断基準を分析し，
関連する介護事故裁判例を踏まえ，今後の介護事故の予見可能性のあり方につ
いて考察を加える。

② 予見可能性と介護事故裁判

　介護老人保健施設のパーキンソン病患者である入所者が刺身を食し嚥下障害
により死亡した事案[6]について，考察する。

（1）事案の概要

　パーキンソン症候群，多発性脳血栓のほか，認知症の診断を受けていた甲
（当時86歳，男性）は，医療法人丙との間で施設介護サービス利用契約を締結
し，丙が経営する介護老人保健施設へ入所した。甲は，丙から昼食として提供

された刺身を誤嚥して窒息し，心肺停止状態となり，隣接する丙経営の病院で蘇生治療を受けたものの，意識が回復しないまま心不全により死亡した。甲の遺族である丁ら3名から丙に対し，損害賠償を求めたのが本件である。

（2）原告らの主張

　丁は，甲が入所する際，丙の受付相談員に対し，甲には嚥下障害があるため，自宅では食べ物をペースト状にして食べさせており，丙においても同様の対応をしてほしい旨伝えた。しかし，丙は，丁の了承を得ることなく甲に誤嚥の危険がある寿司，刺身，うな重，ねぎとろ（以下「本件四品目」という）について常食での提供を開始した。丙が誤嚥の危険がある本件四品目を甲に常食で提供したことは誤った食事の提供方法である。さらに，甲のパーキンソン病ないし同症候群による嚥下機能の低下は入所時から顕著であったが，甲の健康状態や身体機能は明らかに悪化し，誤嚥の危険性が高まっていた。丙はこのような甲の状態を考慮して，本件四品目の常食での提供を停止すべきであったが，これを怠った。以上から，丙が甲に対し刺身を常食で提供したことについて，介護契約上の安全配慮義務違反，過失が認められる。

（3）被告の主張

　甲は，入所時からむせることなく自力で食事を摂取することが可能であり，意思疎通やコミュニケーションが非常によくできる状態であった。甲が丙の職員に対し本件四品目を常食で提供してほしいと強く希望したため，丙の施設長である医師，介護福祉士，栄養士との間で協議を行い，甲の健康状態や摂食状態が良好で安定していたこと，甲の希望に応えることが甲の生活の自由の確保，尊厳の確保につながり，丙での生活に潤いを与えること，常食の摂食は嚥下機能のリハビリテーションに資することなどから，本件四品目を常食で提供することとした。甲の摂食状態は，入所時から本件事故までの間良好であり，本件四品目について，一年以上の間合計35回も問題なく摂取できたのであるから，丙が本件事故日に甲に対し刺身を提供したことは相当である。

　施設サービス計画書には，「嚥下機能の低下が見られる」「嚥下障害があり食事や水分摂取時にムセが見られる」などの記載は職員の注意を喚起するために記載されたものであり，甲の実際の状態とは異なる。さらに，丙は，ケアプラ

ンの変更を行う際，家族に対し入所者の生活状況やケアプランの内容を説明した上，変更等の了解を得るという取扱いをしており，ケアプランの説明の際，甲に本件四品目を常食で提供することを説明し，丁の了解を得た。

　以上から，丙が甲に対し刺身を常食で提供したことについて，介護契約上の安全配慮義務違反，過失は認められない。

（4）被告の主張に対する裁判所の見解（『判例時報　2122号』111頁以下）

　入所時から本件事故日まで甲の嚥下状態は良好とは到底評価し難い状態であったことは下記記載のとおりであり，本件事故前の最後に作成された施設サービス計画書においても，「生活全般の解決すべき課題（ニーズ）欄に『むせずに食事が食べられる』と，援助内容欄のサービス内容に『食事中の様子観察，食べこぼしやむせの観察を行う。その日の体調によって体の動きが悪い事があるので必ず様子観察を行う』とそれぞれ記載された。甲が合計35回本件四品目を常食で摂取したというのは単なる結果論にすぎず，上記認定を覆すものではない」「したがって，被告の上記主張は理由がない」（同116頁）

　「甲はかなり高齢で，パーキンソン症候群の症状が平成12年ころから進んだ者であったこと，その症状は時間の経過とともに次第に悪化していく傾向があること，戊センター入所中に甲が受けた認知症に関するテスト（長谷川式，N式）の結果を見ても，結果はかなり悪く，N式の結果からも認知症が進んでいたことは明らかであり，甲が誤嚥の危険性及び誤嚥した場合には死という重篤な結果が生じ得ることを十分認識し，かつ，そのような判断を一人でするのに十分な能力を有していたとは考え難い」（同117頁）

　担当医師としては，「甲の嚥下機能の低下等から常食では誤嚥の危険性が高いことから，甲自身の希望があったとしても，安易に本件四品目を常食で提供するとの決定（本件決定）をすべきではなかったと認められる。したがって，被告の上記主張は理由がない」（同117頁）

　「リハビリテーションにおいては嚥下状態の改善に対応して嚥下しやすいものから徐々に提供していくのが通常と考えられるところ，丙はそれまで全粥，ペースト食だけを摂取していた甲に突如本件四品目を常食で提供することを開始し，他方，それ以外の食事においては従来の全粥，ペースト食を継続してお

り，担当医師がリハビリテーションの側面を考慮して本件決定を行ったというのは疑問であると言わざるをえない。したがって，被告の上記主張は理由がない」（同117頁）

　「施設サービス計画書には上記のとおり食事は全粥，ペースト食などの記載があるのみで，本件四品目を常食で提供することに関する記載は見当たらない。また，丙が作成した入所・短期入所利用希望者受付台帳によれば，丁は平成15年8月22日に丙と面談した際，甲に全粥きざみ食を提供してほしいと話したことが認められるが，そのような希望を持ち，現に入所までの間自宅において甲に対しお粥とペースト状のおかずを与えていた丁が，甲に本件四品目を常食で提供することを了解したとは容易に想定し難い。戊センターが作成した文書の中にも，丁の了解に関する記載は全く存在しない。さらに，丙は証人尋問において，丁にどのように説明し，これに対し丁がどのように反応し，承諾したのかについて詳しくは覚えていないなどと曖昧な証言をするのみで，その点に関する証言は採用できない」（同117頁）

　以上より，①丙としては，介護契約上，介護サービスの提供を受ける甲の心身の状態を的確に把握し，誤嚥等の事故を防止する安全配慮義務を負ったというべきである。②入所時から本件事故日まで甲の嚥下状態は良好とは到底評価し難い状態であったもので，その間甲には誤嚥の危険性があったと認められる。そして，介護老人保健施設という専門機関で，継続的に甲の介護にあたっていた担当医師を含む施設職員はこれを認識していたか，または少なくとも容易に認識できたと認められる。③本件事故日に甲に提供されたまぐろおよびはまちの刺身の大きさは概ね縦25ミリメートル，横40ミリメートル，厚さ5ミリメートル程度のものであり，健常人が食べるのとそれほど異ならない大きさであるが，丙は嚥下しやすくするための工夫を特段講じたとは本件証拠上認められない。刺身，特にまぐろは筋がある場合には咀嚼しづらく噛み切れないこともあるため，嚥下能力が劣る高齢の入所者に提供するのに適した食物とはいい難く，施設職員は，上記認定の甲の嚥下機能の低下，誤嚥の危険性に照らせば，甲に対しそのような刺身を提供すれば，誤嚥する危険性が高いことを十分予想し得たと認められる。

「以上のことなどから，丙が甲に対し刺身を常食で提供したことについて，介護契約上の安全配慮義務違反，過失が認められ」（同116頁），請求額4,638万3,576円うち認容額は2,938万908円とする。

3 予見可能性と関連判例

　下記のとおり，予見可能性に関する関連判例において，裁判所が誤嚥について，施設側に予見可能性があると認定した事案の特徴は，施設が保有している記録等に本人の嚥下機能低下や嚥下障害についての記載がされていた，医師などから誤嚥の危険性が指摘されていたことなどがあげられる。誤嚥についての予見可能性が否定された事案の特徴は，施設が保有している記録にむせやせきなど嚥下機能低下をうかがわせる記載がない，医師などから誤嚥のおそれがある旨の指摘などがなかったことがあげられる。

（1）施設が保有している記録等の記載において予見可能性が認められた事例

　① 認定調査票，ケアチェック表，施設サービス計画書，本人の状態記録等に，本人の嚥下機能低下，嚥下障害についての記載がされていた[7]。

（2）医師，医療関係者からの指摘において予見可能性が認められた事例

　① 歯科医が，本人の歯の欠損状態から，適合した義歯を装着しないと誤嚥の危険性が高いと指摘していた[8]。

　② 看護日誌に食事摂取時に義歯を装着すること，誤嚥危険大と記載されていた[9]。

　③ 医師が本人に対し，嚥下障害が進行したり，誤嚥性肺炎発症の可能性があると説明した際，施設職員も聞いていた[10]。

　④ 診療情報提供書，看護サマリー，紹介状などで，本人には難治性逆流性食道炎，食道裂孔ヘルニア等の既往歴があり，入院中全粥食であったが食後嘔吐があったとの指摘があった[11]。

（3）提供された食事の形態において予見可能性が認められた事例

　① 提供された食物（こんにゃく）は，嚥下障害の高齢者に向かないと指摘されている[12]。

　② パンは唾液がその表面部分を覆うと付着性を増加するといった特性を有

し，窒息の原因商品としては上位にあげられる食品である[13]。

（4）現実のむせなどの事実において予見可能性が認められた事例

① 本人は，食事の際にたびたびむせたり，むせ込む状態が続いたりしていた[14]。

② 本人は，本件事故に至るまで何度も異食行為に及んでおり，本件事故の約半年前には紙おむつを口に入れて職員が吸引するなどの措置をとったことがある[15]。

③ 本人はJCS（意識覚醒状態の判定基準）が三であり，自分の嚥下に適した食べ物の大きさや軟らかさを適切に判断することが困難な状態にあり，嚥下能力を超えた食べ物をそのまま飲み込もうとする可能性があるのみならず，嚥下に適した大きさに咀嚼する能力も低下していた[16]。

（5）施設が保有している記録等の記載において予見可能性が否定された事例

① 介護日誌や看護記録を見ても，むせやせきをはじめとする，嚥下機能の低下をうかがわせる具体的症状が観察されたとの記載は存在しない[17]。

（6）医師，医療関係者からの指摘において予見可能性が否定された事例

① 医師による定期検診を受けていたが，医師から，本人について，誤嚥のおそれがある旨の指摘がされたり，誤嚥防止のため，食事内容の変更や食事の際の介助の方法について具体的な指示がされたことがうかがえない[18]。

② 診療情報提供書等に病名の関係で本人に嚥下障害が認められるとした記載が認められない[19]。

③ 紹介状には，「食道裂孔ヘルニアにより，時折嘔吐を認めています。誤嚥を認めなければ経過観察で良いと思います」との記載が認められるが，本人は症状軽快により退院している[20]。

④ 被告が本人の主治医であった医師から特別の食事を提供すべきなどの注意を受けていた事実が認められない[21]。

（7）本人の通常の食事状況において予見可能性が否定された事例

① 本人は，施設入所以前から常食を通常に摂取することが可能であった。本人には，多少食欲不振な時期があったにせよ，格別摂食障害があったと

までは認められない[22]。

② 本人は，施設において常食を提供され，時折，食事介助を受けることが
あったものの，通常は自力で食事をしていた[23]。

（8）現実のむせなどの事実において予見可能性が否定された事例

① 本人が自立して食事をすることができ，施設における食事中に誤嚥のお
それをうかがわせる具体的症状は見られなかった[24]。

② 口から食べ物が流れ出ていることから誤嚥を疑う所見と解されること，
左手の振戦がみられ通常と違う様子も見られていることはあるものの，職
員は声かけをして反応を確かめ様子を見守っているところ，通常と変わら
ないものであり，振戦も治まったこと，そのほかいつもと違う様子を呈し
ていたという事情も見当たらないことから，職員において，その時点で窒
息をきたすような誤嚥をしているなどと予見することは困難であった[25]。

（9）家族からの情報提供，要望において予見可能性が否定された事例

① 家族が書いた入居申込書には，食事の内容は常食である旨記載しており，
本人に誤嚥のおそれや兆候があるとの特段の記載はない[26]。

② 本人の家族から，施設に対し，本人に誤嚥のおそれや兆候がある旨の連
絡がされたことを認めるに足りる証拠はない[27]。

③ 入居申込書の食事等の希望・要望に何らの記載もない[28]。面談において
は専ら本人のうつ病の病状への対処が問題にされていた[29]。

4 本判決の意義と予見可能性

（1）本判決の意義

甲が丙に対し寿司，刺身，うな重，ねぎとろ，という四品目を常食で提供し
てほしいと強く希望したため，医師，介護福祉士，栄養士との間で協議を行
い，甲の健康状態や摂食状態が良好で安定していたこと，甲の希望に応えるこ
とが甲の生活の自由の確保，尊厳の確保につながり，施設での生活に潤いを与
えること，常食の摂食は嚥下機能のリハビリテーションに資することを考慮し
て，刺身を提供し，一年以上の間合計35回も問題なく摂取し，ケアプランの
説明の際，甲に本件四品目を常食で提供することを説明し，親族の了解を得た

と主張した。

　しかし，判決では甲はその日の体調によって体の動きが悪いことがあるので必ず様子観察を行うとそれぞれ記載され，甲が合計35回本件四品目を常食で摂取したというのは単なる結果論にすぎないとした。また，甲はかなり高齢で，パーキンソン症候群の症状が進んだ者であったこと，その症状は時間の経過とともに次第に悪化していく傾向があること，認知症テストの結果からも認知症が進んでいたことは明らかであり，甲が誤嚥の危険性および誤嚥した場合には死という重篤な結果が生じ得ることを施設側は十分認識し得たとした。また，甲が本件四品目の常食を希望する判断を一人でするのに十分な能力を有していたとは考え難いとした。担当医師としては，甲の嚥下機能の低下等から常食では誤嚥の危険性が高いことから，甲自身の希望があったとしても，安易に本件四品目を常食で提供するとの決定をすべきではなかったとし，本件では，本件決定の際，サービス担当者会議，ケアプランの見直し等に諮るなどしていない。さらに，入所者に対する食事の提供方法を変更する場合には，受付相談員に意見を求めることが通常であったのに，本件決定に際し，医師は意見を求めることもなかった。ケアプランの援助内容欄のサービス内容には一貫して，食事はペースト食を提供する旨が記載されていた。したがって，ケアプランの見直しの都度，丁が署名していたものの，丁は本件事故に至るまで甲に対し本件四品目が常食で提供されていることを知らなかったと認定されている。

　本人の同意を得ており，本人が強く希望したからといって，ペースト食の甲に対し，刺身という誤嚥リスクのある食材の提供自体が問題であった。利用者への適切なリスクマネジメントができなかった点である。また，家族との情報共有の基盤が成立していなく，ケア方針の共有化も図られていなかった。

　以上のように本判決による予見可能性は，①サービス担当者会議において，本人の誤嚥に注意する旨の発言があった。②誤嚥性肺炎の予防や誤嚥しないよう食事をとることが長期ないし短期の目標として確認されていた。③医師が，本人が食事時むせることがあると指摘していた。④入所当初から全粥，ペースト状にした副食，とろみを付けた飲み物の提供をしていた。⑤本件事故以前に食事を摂取した際にひどくむせるなどした。⑥家族からの情報提供，要望にお

いて，家族が本人の飲み込みが悪いことを伝えたり，食事形態をきざみ食にしてほしいなどの希望を伝えていた点にある。

　この状況を適宜ケアプランに反映し，担当職員間でケア方針の共有化を図り，家族との情報共有による信頼の構築を図れば裁判まで発展しなかったのではないかと思われる。

（2）施設側の今後の誤嚥防止のあり方

　寿司，刺身，うな重，ねぎとろという高級食材を35回提供した施設側が訴えられ，結果的に請求額4,638万円うち約3,000万円が認容された結果を施設側はどのように受け止めたのか。

　甲の食材の希望に応えることで生活の自由の確保，好きな物を食べることは個人の尊厳の確保につながり施設での生活に潤いを与え，ペースト食ではなく常食を摂食することで嚥下機能のリハビリテーションに資するという施設側の思いを考えると，施設側にとって財政的にも精神的にかなり厳しい判決である。家族側が高級食材を35回も提供されていることを知らなかったということは，施設側は家族に高級食材の代金を請求することなく，施設側が全額負担したと思われる。このような施設側の善意が約3,000万円という認容金額に変容したことを考えると，施設側としては，誤嚥のおそれのある利用者には，今後，誤嚥のおそれのある食材は一切提供しない可能性がある。つまり，施設職員が誤嚥事故の責任をおそれるあまり，利用者の食事内容をすべてミキサー食などとして細かくし，利用者の食の楽しみを奪うことが考えられる。利用者の人権尊重の配慮に欠く過度の安全策をとることは慎むべきといえる。

　ここで大切なことは，利用者の食を尊重する結果，誤嚥事故のリスクが高まるのであれば，利用者本人や家族とどのような食事提供がいいのかどうかよく話し合うことである。また，誤嚥事故の危険性という情報を開示することによって，利用者と施設側がともに改善策を考える姿勢が必要である。

　本件事案のように誤嚥事故が発生し，利用者が死亡したならば，事故に関与した施設職員は，その原因が何であれ，かなりの精神的負担を負うことになる。その事故の原因をその施設職員だけの問題とすることなく，組織全体の問題として，原因や改善策を検討することのほうが重要である。

　そして，「事故の原因の分析，改善策の検討までの一連の流れにおいて，利用者や家族に絶えず情報を開示し，施設が組織としてその事故を教訓とした再発防止に努めていることを示す」[30]ことが重要である。事故が起きる前から，家族との間で利用者の生活の様子やリスクなどを定期的に情報交換し，家族側が理解を得ていれば，事故に対する施設側の責任を軽減することができるからである。普段から日々の介護サービスの実施状況とリスクなどの情報提供が利用者や家族に対して欠如しているならば，家族にとっては，「聞いていない」「知らされていない」という思いがつのり，最終的には施設側に不利益な情報を隠蔽しているのではないかという不信感を構築することになりかねない。

　施設内で発生した介護事故は，施設全体の責任であるという認識で，組織全体で事故を予見し，防止体制に取り組む姿勢が重要である。そのためには，事故に関する情報の収集が必要である。具体的には，「事故報告書」と事故に至らなかったがその可能性のあった出来事（いわゆる「ヒヤリ・ハット報告」）の収集が有益といえる。ただ，このような報告書が当該職員の責任追及のための証拠として採用されたり，職員個々人の査定評価に結び付けられることは控えるべきである。職員が上司に報告しやすい環境づくりが，多くの報告書の収集につながる。そして，この報告書の分析や対応策が職員全員にフィードバックされ，最終的には，職員間の専門性の向上，質の高い効率的なサービスの提供につながり，そして介護事故の防止にも役立つことができるのである。

（3）予見可能性と今後の施設運営

　施設職員の予見可能性の資質・自覚の向上を図るための恒常的な組織体制を整え，利用者の人権に配慮した姿勢こそが今後の施設運営には求められるといえる。そのためには，本件事案のような事例の蓄積によって施設職員間に介護事故に対する予見可能性の共通認識や合意形成を図り，利用者の人権を尊重したリスクマネジメントの構築が必要であろう。

　つまり，食事の安全を配慮しつつも，サービス利用者の属性，その利用者の家族の思いと介護従事者の提供できるサービス範囲を総合的に分析し，利用者，その家族，介護従事者の三者がそれぞれの立場を尊重しながら「利用者や家族の『必要と求めと合意』に応じて，個別援助方針を立てる」[31]ことが必要

である。サービスを必要としている人や家族がどのような人生観をもち，どのような生き方を望んでいるかを分析する視点として，判例が示した視点と枠組みも参考になるといえよう。

　この利用者や家族の「必要と求めと合意」においても，利用者と家族と施設側という三者の価値基準の相違も認識する必要がある。このことを誤嚥事故の事例に当てはめれば，誤嚥事故をなくし安全確保を重視するために，家族と施設側が流動食の提供など食べる喜びを奪い生きる価値を一切否定すれば，誤嚥事故が起きないことになるが，個人の尊厳そのものを否定することになる。一方で，利用者の残存能力を活かし，自己決定を尊重するのであれば，誤嚥事故の危険性に，よりつながりやすくなる。個人の尊厳と誤嚥事故の予防のバランス感覚をどのように図るかが重要である。このバランス感覚を養うためには，社会福祉に対する人間性，人生観が求められよう。

　第2節でも述べたが，ジル・ドゥルーズに「生成変化を乱したくなければ，動きすぎてはいけない」という箴言がある[32]。動きすぎると他者との接続が過剰となりリスクが高まるため，動きすぎないことが大切であるという戒めの言葉である。過剰接続は自己破壊へとつながる可能性があるため，部分的な接続，部分的な関係性を保つことがリスクの軽減につながると考えられる。

　本件では高級食材という利用者との過剰な接続により，サービスが過剰となり結果的に介護事故が発生したものと考えられる。つまり，過剰なサービスはリスクを高める大きな要因となるのである。しかも対象である利用者の判断能力が低下しているため，リスクが特定しにくく，事故を予見しにくい介護の現場で「管理」責任が問われないようにするためには，「動きすぎない」で，「リスクの予兆」[33]をいかに把握すべきか，施設職員が介護事故という結果が発生する具体的な危険性を予見することができる予見可能性の資質の向上が何よりも求められているといえよう。

〈注〉
1）公益財団法人介護労働安定センター　平成29年度老人保健事業推進費等補助金　老人保健健康増進等事業（2018年）
2）グループホーム入居者がベッドから転倒し（事故状況不明），傷害を負ったことについて，グ

ループホームを運営する会社側に安全配慮義務違反および情報提供義務違反を認めた。大阪地
方裁判所平成 19 年 11 月 7 日判決（『判例時報　2025 号』96 頁）

3 ）水戸地方裁判所平成 23 年 6 月 16 日判決（『判例時報　2122 号』109 頁）

4 ）刑法では過失犯の注意義務の内容を，判例は「結果回避義務」と解し，結果回避義務の前提
として予見可能性を必要とする（最一小決昭和 42 年 5 月 25 日弥彦神社事件（『最高裁判所刑事
判例集　21 巻 4 号』584 頁））。

5 ）刑法における過失犯の本質につき予見可能性の程度において，具体的予見可能性説と危惧感
説がある。判例において，「結果発生の予見とは，内容の特定しない一般的・抽象的な危惧感な
いし不安感を抱く程度では足り」ないとしたいわゆる北大電気メス事件（札幌高等裁判所昭和
51 年 3 月 18 日判決（『判例時報　820 号』36 頁））では，危惧感説を明確に否定した。また「結
果の発生に至る具体的な因果経過の基本的部分の予見が必要である」とする具体的予見可能性
説が判例の立場である（最二小決平成 21 年 12 月 7 日明石砂浜陥没事件（『最高裁判所刑事判例
集　63 巻 11 号』2641 頁），最一小決平成 28 年 5 月 25 日渋谷温泉施設爆発事件（『最高裁判所刑
事判例集　70 巻 5 号』117 頁））。

6 ）前掲書 3 ）

7 ）名古屋地方裁判所平成 16 年 7 月 30 日判決（『判例時報　1991 号』81 頁）

8 ）福岡地方裁判所平成 19 年 6 月 26 日判決（『判例時報　1998 号』56 頁）

9 ）前掲書 8 ）

10）松山地方裁判所平成 20 年 2 月 18 日判決（『判例タイムズ　1275 号』219 頁）

11）大阪高等裁判所平成 25 年 5 月 22 日判決（『判例タイムズ　1395 号』160 頁）

12）前掲書 7 ）

13）東京地方裁判所平成 26 年 9 月 11 日判決（『判例時報　2269 号』38 頁）

14）前掲書 8 ）

15）さいたま地方裁判所平成 23 年 2 月 4 日判決（『賃金と社会保障　1576 号』旬報社　58 頁）

16）前掲書13）

17）東京地方裁判所平成 22 年 7 月 28 日判決（『判例時報　2092 号』99 頁）

18）前掲書17）

19）神戸地方裁判所平成 24 年 3 月 30 日判決（『判例タイムズ　1395 号』164 頁）

20）前掲書19）

21）前掲書19）

22）横浜地方裁判所平成 12 年 6 月 13 日判決（『賃金と社会保障　1303 号』旬報社　60 頁）

23）前掲書17）

24）前掲書19）

25）福岡地方裁判所田川支部平成 26 年 12 月 25 日判決（『判例時報　2270 号』41 頁）

26）前掲書17）

27）前掲書17）

28）前掲書19）

29）前掲書19）

30）日本弁護士連合会『契約型福祉社会と権利擁護のあり方を考える』あけび書房（2002 年）
277 頁

31）大橋謙策「コミュニティソーシャルワークの機能と必要性」『長崎県地域福祉実践研究セミナ
ー報告集』（2006 年）42 頁　大橋は，地域での自立生活の支援を必要としている家族の中には，
その家族成員に認知症性高齢者がおり，うつ病の息子がおり，といった多問題を抱える家族に
対して，一人のソーシャルワーカーが全体をマネジメントとして援助するためにも，ジェネラ

ルソーシャルワーカーが必要であり，時には，それら多問題を抱えている家族に対し，複数の
スペシフィックソーシャルワーカーがチームを組んでアプローチをする場合があるが，基本的
には一つの家庭には一人のソーシャルワーカーがジェネラルソーシャルワーク理論に基づきケ
アマネジメントを行うことが必要である，と論じている。このことは，一人のソーシャルワー
カーが家族全体の相談窓口の中心となって各機関と連携を組むことを示しているといえる。高
齢者，障害者，児童の問題が複合的に絡み合っている場合には，相談者が各相談窓口に何度も
足を運び相談するという煩雑さを避ける意味でも重要である。

32) 千葉雅也『動きすぎてはいけない』河出書房新社（2013年）64頁
33) 亀井利明『リスクマネジメント総論（増補版）』同文舘出版（2009年）48頁 「リスク感性は
リスクに対する刺激や反応であって，リスクや危険をその前兆の段階で把握し，その対応策を
講じうる能力である」と指摘しているが，予見可能性においても，まさに前兆の段階でいかに
予見できるかが重要である。

〈参考文献〉
・大橋謙策「コミュニティソーシャルワークの機能と必要性」『長崎県地域福祉実践研究セミナー
報告集』（2006年）
・大阪弁護士協同組合『介護事故を考えることになったら読む本─95裁判例から学ぶ予防と訴訟
対応─』（2017年）
・亀井利明『リスクマネジメント総論（増補版）』同文舘出版（2009年）
・亀井利明『リスクマネジメントの本質』同文舘出版（2017年）
・公益財団法人介護労働安定センター『介護サービスの利用に係る事故の防止に関する調査研究
事業報告書』平成29年度老人保健事業推進費等補助金 老人保健健康増進等事業（2018年）
・千葉雅也『動きすぎてはいけない』河出書房新社（2013年）
・日本弁護士連合会『契約型福祉社会と権利擁護のあり方を考える』あけび書房（2002年）

第4節 介護事故裁判の新たな潮流
─精神障害者の監督者の責任から─

1 はじめに

　わが国はすでに65歳以上の高齢者が全人口の4分の1強を占める超高齢社
会に突入した。2024年には全人口に占める高齢者の割合が30％を超え，翌
2025年には認知症患者が700万人に達するとも予測されている（いわゆる「2025
年問題」）。高齢者に限れば，認知症者は，2025年には「5人に1人」になると
いう[1]。「平成30年における行方不明者の状況」[2]によると警察に届け出があ
った認知症の行方不明者は，年間16,927人に上り，前年を1,064人上回った。
統計を取り始めた2012年以降，6年連続増加し，行方不明者全体（87,962人）

の19.2％と，2割近くに達している[3]。

　こうした中，認知症高齢男性（当時91歳）の家族の監督者責任が問われた「JR東海認知症徘徊死亡事故訴訟」の最高裁判決が下された（平成26年（受）第1434号，第1435号 損害賠償請求事件 平成28年3月1日）。JR東海認知症徘徊死亡事故訴訟において，責任能力がない認知症男性が徘徊中に電車にはねられ死亡した事故で，家族が監督義務者に当たるのかが争われた。JR東海は，男性と同居して介護を担っていた妻と，当時横浜市に住みながら男性の介護に関わってきた長男に賠償を求めた。この鉄道会社への賠償責任を負うかが争われた訴訟の上告審判決で，最高裁は，男性の妻に賠償を命じた2審名古屋高裁判決を破棄，JR東海側に逆転敗訴の判決を言い渡した。

　民法第714条では，認知症などが原因で責任能力がない人が損害を与えた場合，被害者救済として「監督義務者」が原則として賠償責任を負うと規定している。1審名古屋地裁は，「目を離さず見守ることを怠った」と男性の妻の責任を認定した。長男も「事実上の監督者で適切な措置を取らなかった」として2人に請求通り約720万円の賠償を命令した。2審名古屋高裁は「20年以上男性と別居しており，監督者に該当しない」として長男への請求を棄却。妻の責任は1審に続き認定し，約360万円の支払いを命じた。

　最高裁は，民法第752条の規定は，夫婦には互いに協力する義務があると定めているが，「夫婦の扶助の義務は抽象的なものだ」として妻の監督義務を否定した。長男についても監督義務者に当たる法的根拠はないとした。一方で，監督義務者に当たらなくても，日常生活での関わり方によっては，家族が「監督義務者に準じる立場」として責任を負う場合もあると指摘している。生活状況や介護の実態などを総合的に考慮して判断すべきだ，との基準を初めて示した。また最高裁は，民法第752条の「夫婦の同居・協力・扶助義務」について，「夫婦間において相互に相手方に対して負う義務」であり，「第三者との関係で夫婦の一方に何らかの作為義務を課するものではない」と解釈している。その上で，「精神障害者と同居する配偶者であるからといって，その者が民法第714条1項にいう『責任無能力者を監督する法定の義務を負う者』にあたるとすることはできない」と結論付けた。つまり，単に，一緒に住んでいる家族だ

からというだけで，法定監督義務者ではないとした。

　最高裁は，法定監督義務者に当たらない場合でも，「諸般の事情を総合考慮して，その者が精神障害者を現に監督しているか，あるいは監督することが可能かつ容易であるなど衡平の見地」から，その人に対して，「精神障害者の行為の責任を問うのが相当といえる客観的状況が認められる」場合，「法定監督義務者に準ずる」として，民法第714条に基づく損害賠償責任を問い得ると示した。つまり，法定監督義務者でない場合でも，事情を総合的に考慮して，事実上の監督義務者として責任を問われることがあるとした。

　前述のようにJR東海からの損害賠償請求に対して，名古屋地裁判決は，横浜市に住む長男に預貯金だけで5,000万円を超える遺産があったことも考慮し，約720万円の支払いを命じたが，控訴審判決では妻のみに約360万円の損害賠償請求を命じ，最高裁判所ではJR東海が逆転敗訴した。最高裁の補足意見の中で，介護者に責任を負わせれば認知症者の行動を過剰に制限することになりかねないことにも言及し，認知症者の行動の自由や介護家族の負担の観点からは，本判決は国民感情に資する判決といえる。他方で5,000万円の預貯金のある長男より，JR東海という大企業とはいえ鉄道会社の受けた損害の填補が劣位に置かれている。損害の填補という金銭賠償の均衡の観点から考えるのであれば「被害者対加害者」の構図では説明できないように思える。

　さらに，長男のインタビュー記事によると「JRは認知症の人が行方不明になるのを防ぐ関門となるべき公共交通機関でありながら，認知症への理解がなくていいのか，そんな疑問も大きかった」という[4]。この主張には，JR東海には認知症の理解がない上に，損害賠償請求すること自体に遺族側の不満と怒りが読み取れる。裁判においては，論理的・記述的な判決文だけで完結するだけではなく，当時者の情動自体に揺さぶられる喚起力が依拠されているように思われる。従来の「被害者対加害者」という金銭賠償のみの法的処理からの発想の転換が迫られているようである[5]。つまり認知症者が惹起する事故については，一方で被害者救済（損害填補）の実効性を確保し，加害者側の賠償負担のリスクの軽減ないし分散を図るための方策を示すことを，裁判所では提起しているのではないかという点である。

　本稿では，法学や法制度の諸概念からもれ落ちていく共感や情動に焦点を当てて本判決を分析・検討するとともに，上記の検討課題について法社会学的な視点から考察を試みることとする。

2 JR東海認知症徘徊死亡事故訴訟

　（平成26年（受）第1434号，第1435号　損害賠償請求事件　平成28年3月1日）[6]

〈事実の概要〉

　1．2007年（平成19年）12月7日，愛知県の東海道本線共和駅で認知症高齢者の男性A（当時91歳，要介護4）が徘徊中に駅構内に立ち入り，列車に衝突し，死亡した。鉄道会社X（JR東海）は列車20本の遅延によって被った損害（約720万円）を認知症の男性Aの妻Y1（当時85歳で要介護1）とAの長男Y2，次男Y3，次女Y4，三女Y5に対し，①Aが責任能力を欠く場合は，民法第709条または第714条に基づき，②Aが責任能力がある場合は，民法第709条に基づく賠償義務を相続したとして，損害賠償を請求した事件である。

　2．AおよびY1夫婦の4人の子どものうち，Y2およびその妻Bは愛知県下のA宅から横浜市に転居し，他の子らも独立して生活している。Aは2007年には要介護4（5が最も重度）の認定を受けた。Y2の妻Bは，2002年から単身でA宅の近隣に転居して，Y1によるAの介護を補助した。Y1はY2，Bらの了解を得てAの介護にあたっていたものの本件事故当時85歳で要介護1の認定を受けており，Aの介護もBの補助を受けていた。Y2はAが認知症を発症したあとも横浜市に居住し，本件事故当時は1か月に3回程度，週末にA宅を訪ねていた。Aは，本件事故当日の午後4時30分頃にデイサービス施設から帰宅し，Y1およびBと事務所で一緒に過ごしていたが，Bが玄関先でAの排尿の片付けをし，Y1がまどろんでいた一瞬の隙に，事務所の出入口（センサー付きチャイムの電源が以前から切られていた）から一人で外出した。Aは自宅のすぐ近くにある駅から列車に乗り，一駅先の共和駅で降り，ホーム下の線路に降りて，午後5時47分頃，本件事故が発生した。Aは本件事故当時，責任弁識能力がなかった。

　3．第1審（名古屋地方裁判所平成25年8月9日判決）では，Aの責任能力を

否定した上で，Aの配偶者であるY1には具体的な危険性を予見できたとして
民法第709条に基づく責任を認めるとともに，長男Y2にも「事実上の監督義
務者であった」として，事務所センサーの電源を切ってあったことや，介護施
設・ホームヘルパーを利用しなかったことなどから，民法第714条の責任を認
め，約720万円全額の賠償を認容した。Y1およびY2が控訴した。第2審（名
古屋高等裁判所平成26年4月24日判決）では，夫婦間の協力扶助義務（民法第
752条）などを理由に，配偶者であるY1が法定義務者であるとし，事務所セ
ンサーの電源が切ってあったことから，民法第714条による責任を認め，「損
害の公平の分担の精神」に基づき，5割を減額して約360万円の賠償を認容し
た。Y2については法定監督義務者に当たらず，民法第709条による責任も認
められないとした。

　XとY1の双方が上告を申立てた。

[最高裁第三小法廷平成28年3月1日判決]　Xの上告棄却。原判決のY1敗
訴部分を破棄自判（Xの請求を棄却）。

　民法第714条は「責任無能力者を監督する法定の義務を負う者は，その責任
無能力者が第三者に加えた損害を賠償する責任を負う」と定めている。ここで
規定する「責任無能力者を監督する法定の義務を負う者」のうち，「精神上の
障害による責任無能力者について監督義務が法定されていたものとしては，平
成11年改正前の（精神保健福祉法）第22条1項により精神障害者に対する自傷
他害防止監督義務が定められていた保護者や，平成11年改正前の民法第858条
1項により禁治産者に対する療養看護が定められていた後見人が挙げられる」。
しかし，「自傷他害防止監督義務は，上記平成11年（改正）により廃止され」
（保護者制度そのものが平成25年度改正によって廃止された），「療養看護義務は上
記平成11年改正後の民法第858条において成年後見人がその事務を行うに当た
っては成年被後見人の心身の状態及び生活の状況に配慮しなければならない旨
のいわゆる身上配慮義務に改められ」，この義務は「成年後見人の権限等に照
らすと，成年後見人が契約等の法律行為を行う際に成年後見人の身上について
配慮すべきことを求めるのであって，事実行為として成年後見人の現実の介護
を行うことや成年被後見人の行動を監督することを求めるものと解することは

でき」ず，2007年当時，「保護者や成年後見人であることだけでは直ちに法定の監督義務者に該当するということはできない」。妻が男性を「監督する法定の義務を負う者」に当たるとすることはできない。長男も「法定の義務を負う者」に当たるとする法令上の根拠もない。

　もっとも，法定の監督義務者に該当しない者でも，責任無能力者との身分関係や日常生活の接触状況に照らし，第三者に対する加害行為の防止に向けて責任無能力者の監督を現に行い，その態様が単なる事実上の監督を超えているなど，監督義務を引き受けたとみるべき特段の事情が認められる場合は，衡平の見地から法定の監督義務を負う者と同視し，その者に民法第714条に基づく損害賠償責任を問うことができるとするのが相当である。このような者には同条1項が類推適用されると解すべきである。

　その上で，精神障害者に関し，法定の監督義務者に準ずべき者に当たるか否かは，その者，その者自身の生活状況や身心の状況などとともに，①精神障害者との親族関係の有無・濃淡，②同居の有無，その他の日常的な接触の程度，③精神障害者の財産管理への関与の状況，④精神障害者の財産の身心状況や日常生活における問題行動の有無・内容，⑤これらに対応して行われる監護や介護の実態などを総合考慮し，その者が精神障害者を現に監督しているか，あるいは監督することが可能かつ容易であるかなど，精神障害者の行為に係る責任を問うのが相当といえる客観的状況が認められるか否かという観点から判断すべきである。

　男性の妻は長男の了解を得て男性の介護にあたっていたが，本件事故当時は85歳で，左右下肢に麻痺拘縮があり，要介護1の認定を受け，男性の妻の補助を受けて行っていた。長男自身は横浜に居住して，東京都内に勤務していた。長男は本件事故まで20年以上も男性と同居しておらず，事故直前でも1か月に3回程度，週末に男性自宅を訪ねていたにすぎない。長男は，第三者に対する加害行為を防止するために男性を監督することが可能な状況にあったとはいえず，その監督を引き受けていたとみるべき特段の事情があったとはいえない。したがって，長男も法定の監督義務者に準ずべき者に当たるとはいえない。

　妻の損害賠償を肯定した2審の判断には，判決に影響を及ぼすことが明らか
な法令の違反があり，破棄を免れない。原告の請求を棄却する。長男の賠償責
任を否定した2審の判断は是認でき，原告の上告は棄却すべきである。

[木内道祥裁判官の補足意見]　責任能力のない人に賠償責任を負わさない制度
は，本人が債務を負わされないことだけでなく，本人が行動制限をされないこ
とが重要だ。監督者が責任を問われるとなると，監督者に本人の行動制限をす
る動機付けが生じる。監督義務者に準ずるかの判断では，本人保護の観点も必
要だ。

[岡部喜代子裁判官の意見]　長男には外出願望が強いことを知って徘徊による
事故を防止する必要を認め，自身の妻が男性の外出に付き添う方法を了承。施
錠，センサー設置など，監督義務者を引き受けたといえる。長男は，週6回の
デイサービスの利用並びに男性の妻と自身の妻の現実の見守りと付き添いとい
う体制を組むことで，男性の徘徊を防止するための義務を履行していたといえ
る。長男が採った徘徊防止体制は一般人を基準とすれば相当で，法定監督義務
者に準ずべき者としての義務を怠っていなかったといえる。

[大谷剛彦裁判官の意見]　長男こそが介護体制の構築等について中心的な立場
にあり，成年後見人に選任されてしかるべき者として，法定の監督義務者に準
ずべき者に当たると認められる。2審は，事務所出入口のセンサー付きチャイ
ムの電源が入っていなかった点を監督体制の不備として指摘するが，チャイム
は事務所の出入り客を把握するためのもので，介護，監督体制の欠陥とみるの
は相当ではない。

　高齢者の認知症による責任無能力者の場合，対被害者との関係でも賠償義務
を負う責任主体はなるべく一義的，客観的に決められるべきである。一方，責
任の範囲は，責任者が法の要請する責任無能力者の意思を尊重し，その心身の
状態と生活の状況に配慮した注意義務をもってその責任を果たしていれば，免
責の範囲を適用されるべきで，そのことを社会も受け入れることで調整が図ら
れるべきだ。

3　判例検証

　本件においての判決要旨は次のとおりである。①精神障害者と同居する配偶者であるからといって，その者が民法第714条1項にいう「責任無能力者を監督する法定の義務を負う者」に当たるとすることはできない。②法定の監督義務者に該当しない者であっても，責任無能力者との身分関係や日常生活における接触状況に照らし，第三者に対する加害行為の防止に向けてその者が当該責任無能力者の監督を現に行いその態様が単なる事実上の監督を超えているなどその監督義務を引き受けたとみるべき特段の事情が認められる場合には，法定の監督義務者に準ずべき者として，民法第714条1項が類推適用される。③認知症により責任を弁識する能力のない者Aが線路に立ち入り列車と衝突して鉄道会社に損害を与えた場合において，Aの妻Y1が，長年Aと同居しており長男Y2らの了解を得てAの介護にあたっていたものの，当時85歳で左右下肢に麻痺拘縮があり要介護1の認定を受けており，Aの介護につきY2の妻Bの補助を受けていたなど判示の事情の下では，Y1は，民法第714条1項所定の法定の監督義務者に準ずべき者に当たらない。④認知症により責任を弁識する能力のない者Aが線路に立ち入り列車と衝突して鉄道会社に損害を与えた場合において，Aの長男Y2がAの介護に関する話合いに加わり，Y2の妻BがA宅の近隣に住んでA宅に通いながらAの妻Y1によるAの介護を補助していたものの，Y2自身は，当時20年以上もAと同居しておらず，上記の事故直前の時期においても1か月に3回程度週末にA宅を訪ねていたにすぎないなど判示の事情の下では，Y2は，民法第714条1項所定の法定の監督義務者に準ずべき者に当たらない。

　本判決において，「その者自身の生活状況や心身の状況などとともに，精神障害者との親族関係の有無・濃淡，同居の有無その他の日常的な接触の程度，精神障害者の財産管理への関与の状況などその者と精神障害者との関わりの実情，精神障害者の心身の状況や日常生活における問題行動の有無・内容，これらに対応して行われている監護や介護の実態など諸般の事情」という基準を指摘している。この基準の問題点は，より介護に積極的であった者が監督義務者

として損害賠償責任のリスクにさらされることになり，その結果，そのリスクを避けるためには，「できるだけ同居しない」「日常的な接触を避ける」「介護に関わらない」ということになってしまうという点である。

　法定監督義務者や準監督義務者に当たるかどうかの判断においては，本判決のような個別事情に応じた判断では責任の存否に極めて不透明な状況をもたらすとする[7]。

　また，「保護者の精神障害者に対する自傷他害防止義務は，精神保健福祉法の改正により，廃止され，現在では，保護者制度そのものが廃止されている状況のもとでは，成年者について，法定監督義務者，法定監督義務者に準ずべき者を想定すべきではない。また，介護は加害行為の防止に向けてされるものではないので，介護者が法定監督義務者に準ずべき者とされるべきではない」とし，本件は民法第714条ではなく民法第709条によるべきとの評釈も存在する[8]。

　さらに「構築された介護体制の中で各人が引き受けた役割について，当該行為について具体的な予見可能性と結果回避義務があることを根拠に民法第709条で対応することが考えられる」とし，「責任を負うのは，認知症高齢者が徘徊や自転車・自動車の危険運転を繰り返しており，交通事故につながる前兆行動等に介護者や成年後見人が気付いていながら，漫然と放置していた場合などに限られる」とする見解がある[9]。

　どの見解も最高裁の判決においては「責任を問うのが相当といえる客観的状況」という基準が不明確であり，認知症の人を介護する家族からすれば，何をどこまでやっておけば，責任を問われないのか，明確な基準がない点を指摘している。

4 最高裁判決の影響

　最高裁の判決により徘徊による損害賠償責任保険において行政に大きな影響を与えた。神戸市は認知症患者の自己損害賠償を市が代わって給付するという救済制度を始め，財源は市民税を増税し徴収するとする（2018年4月）。神奈川県大和市（2017年11月），愛知県大府市（2018年2月）も実施した。また福岡

県久留米市は，「高齢化社会が進み，家族が高額の賠償金を請求されるケースが考えられる」とし，認知症の人が徘徊中に列車事故に遭い，家族が鉄道会社から損害賠償を求められた場合などに備え，市が保険料を全額負担して個人賠償責任保険に加入する事業を2018年10月から導入することを決めた[10]。このことは，徘徊による損害賠償責任を社会で負担するとした点に意義がある。つまり，最高裁の判決により認知症者が惹起する事故については，一方で被害者救済（損害填補）の実効性を確保し，加害者側の賠償負担のリスクの軽減ないし分散を図るための方策につながったといえる。

⑤ 鉄道会社の認知症の理解不足の問題点

　前述にように長男のインタビュー記事による「JRは認知症の人が行方不明になるのを防ぐ関門となるべき公共交通機関でありながら，認知症への理解がなくていいのか，そんな疑問も大きかった」という点において，鉄道会社の認知症の理解度の欠如を示す興味深い調査報告書がある。

　野村総合研究所の「認知症の人の責任能力を踏まえた支援のあり方に関する調査研究」報告書[11]によると，「お客さまに対する接遇の観点では，接遇に特化した研修，新任研修，人権研修等の研修が行われており，配慮を要する利用者層として，高齢者や障害者への接遇を採り挙げた内容も一部含まれている。しかし，そのような研修でも，認知症にはほとんど触れられていない」という根源点な問題点が指摘されている。鉄道系事業者の把握できているトラブル・事故等の状況・内容等によると「高齢者にはシルバーパス等を発行しているため，それを使えば簡単に改札を通ることができる。そのため，終点駅等で行き先が分からなくなった人が発見されることもある」点である。他方で「自動改札機の普及により，配置する職員の数は減らす方向にあり，ターミナル駅や乗換駅を除くと，駅長1人と改札担当が1人の2名のみという駅も多い。そのため，駅職員と利用客とが会話をする機会も減っていて，話のつじつまが合わない，行ったり来たりしている，というような状況に気づくことも少なくなっている」という現状がある。さらに「職員がおかしいと思う（認知症疑い）レベルのやり取りは，現場でも頻繁に生じている可能性はあるが，報告は義務付け

られておらず，実態調査等も行われていない。認知症に関連するトラブルが多いと職員が実感するレベルにならないと，認知症に着目したデータが把握されるようにはなりにくい状況と考えられる」と指摘している。

また，認知症高齢者やその家族が経験する全般的な困りごと・トラブルの中で，外出時の困りごと・トラブルが上位を占めること，特に，認知症者の介護者のおおむね3人に1人が，公共交通機関において「転倒・つまずき」「歩き回ったり，いなくなったりした」「降りる駅やバス停，行き先等がわからなくなった」を経験していること，公共交通機関の職員が困ることの多くは「会話が通じない」「行き先がわからなくなる（言えない）」等コミュニケーション上の問題であることを指摘している。

このような現状の対策として，今後は認知症徘徊事故防止対策としてソフト面では，職員等の認知症に関する理解を深めるため駅や部門等の単位で自発的に「認知症サポーター養成講座」を設け，見守りネットワークづくり等の取り組みへの参加が必要である。ハード面では，高齢者に限らず，障害者，ベビーカーを押す保護者等も想定した安全対策として，駅へのホームドアの設置を，多くの鉄道・地下鉄事業者で進めることが必要である。ホームドアを設置すると，転落による事故が生じなくなるため，事故による運行遅延の発生も減少することから，事故の防止策として有効な手段と捉えられている。さらに公共交通機関で生じている困りごとやトラブルの実態・事例など，公共交通機関特有の課題やトピックス等を情報共有することが望ましい。

6 最高裁判所裁判官の心証形成と介護事故裁判の新たな潮流

本件では長男には不動産を除く預金等の金融資産が5,000万円あり，認知症であるAを引き続き在宅で介護することを決め，ホームヘルパーの依頼を検討することなども特にしなかった場合でも，最高裁はなぜJR東海を敗訴に導いたのであろうか。

第一に新聞報道による世論の配慮（国民審査への影響）が考えられる。「下級審判決について，当時のマスメディアが一斉に批判を展開し，国民の同情を誘った」「最高裁判決が原審を請求棄却したのに喝采を送った」点を新聞記事の

見出し一覧をあげて衡平責任の重みについて論じている見解がある[12]。

　第二に，認知症の行方不明者の増加により家族などの法定監督義務者に過度に重い責任を課すと，認知症本人の行動制限につながることへの配慮が考えられる。鉄道会社の敗訴判決により家族が損害賠償責任をおそれて認知症の人との接触を避けることを防止することを念頭においているように思われる。

　第三に今後は支え合いの論理から，寿命が長くなると高齢者になって後に精神障害，身体障害というリスクが高まることが予想されることから，障害者差別解消法の「合理的配慮」のように家族にもたれかかるという「依存」ではなく，お互いに手を差し延べ合うことが裁判官の心証形成にあると思われる。他から支えられてはじめて生活でき，他から支えられ，他を支えていくことが求められている。生活困窮者自立支援法の基本目標[13]に「支える，支えられる」という一方的な関係ではなく，「相互に支え合う」地域を構築する点が指摘されている。この判決後には前述のように行政において認知症患者の自己損害賠償を市が代わって給付するという救済制度が始まったことはその表れといえる。

　第四に家庭危機管理の観点から，「家庭は相互の緊密な愛情に基づいて結ばれ，健全で平和かつ円滑な相互信頼関係が永続することが期待された人間の集団である。人間の集団である限り，たとえ夫婦関係であっても，血縁関係にあっても対人関係の葛藤に巻き込まれ，危機的状態が出現する」「相談者に向かい合い，寄り添い，その言葉の裏にある気持ちを正確に理解する『共感』が必要である」[14]。

　家庭における介護事故に対する裁判官の心証形成には，「共感」の影響が少なからず影響しているものと思われる。そのためには他者への心の中に自分を移し入れ，追体験することによって直接的に了解されるという感情移入，共に歓び，共に苦しむ，苦しんでいる人に寄り添い，他者の感情を理解することによって共感は成立する。

　思うに共感とは，気遣い，配慮，他者のニーズを把握する感受性，他者に耳を傾けて寄り添う，そして相手を「感じ」て専心的な「応答」という共感の姿勢，その対象の成長を助けることを求められていることを「感じる」ことこそ

が共感の活動の基盤となり，厳格様式性が要求される法律論にも影響を与えているものと思われる。

　普遍的ルールの客観的事実への厳格な適用を理念とする訴訟における法的三段論法において，「共感」という概念が，被害者の訴訟の契機となり，さらに裁判官の心証形成過程に影響を及ぼしているのではないかと思われる。その結果，自然本性上の気遣い，配慮，他者のニーズを把握する感受性，他者に耳を傾けて寄り添うという「共感」，そして相手を「感じ」て専心的な「応答」という共感の姿勢が欠落すると，そのものが訴訟の契機となり，裁判過程においても裁判官の心証形成過程に少なからず影響を与えているのではないだろうか。つまり，最高裁判決の根底には，JR東海には認知症の理解欠如の中で認知症の人に対する“help”も“support”もなく，鉄道事故が発生した場合に損害賠償責任のみを追及する姿勢自体を問題視しているように思われる。

　このように家族における精神障害者の監督者の責任の有無は，原因と結果の因果関係，家族側に介護事故を予測できたという予見可能性と家族側に介護事故の結果を回避できたという結果回避可能性という判断基準のみで結論を導くだけではなく，裁判官が遺族に感情移入し，共感すれば，遺族を勝訴させるための関連する法制度，先例を探し結論を導いているのではないかと思われる。つまり，裁判官の心証形成においては，裁判過程の審理を通じて，法と証拠に基づいて心証形成し判決が下されるが，判決の結果による世論の動向，被害者の心情，加害者の心情に対して共感があれば，判決に導くための裁判官の心証形成に少なからず影響を与えているのではないかと思われるのである。

〈注〉
1 ）朝日新聞2016年 2 月 3 日朝刊
2 ）警察庁生活安全局生活安全企画課（2019年）
　　https://www.npa.go.jp/safetylife/seianki/fumei/H29yukuehumeisha.pdf
3 ）朝日新聞2018年 6 月15日朝刊
4 ）西日本新聞2016年11月10日
　　https://www.nishinippon.co.jp/feature/listening_library/article/295489/
5 ）田口文夫「責任無能力者の加害行為と監督義務者の責任—認知症高齢者の事例を中心に—」
　　『専修大学法学研究所紀要　43号』『民事法の諸問題ⅩⅤ』（2018年）
6 ）最高裁判例検索ホームページ

　　http://www.courts.go.jp/app/files/hanrei_jp/714/085714_hanrei.pdf
7）窪田充見「責任能力と監督義務者の責任―現行法制度の抱える問題と制度設計のあり方―」
　　『不法行為法の立法的課題　別冊NBL 155号』現代不法行為法研究会編（2016年）78頁以下
8）青野博之「認知証の者が発生させた事故とその配偶者・子の民法714条に基づく損害賠償責
　　任」『新・判例Watch　19号』日本評論社（2016年）65頁
9）二宮周平「認知症高齢者鉄道事故訴訟最高裁判決をめぐって」『実践成年後見　63号』民事
　　法研究会（2016年）72頁
10）西日本新聞2018年6月1日朝刊
11）野村総合研究所　平成28年度老人保健事業推進費等補助金（老人保健健康増進等事業分）『認
　　知症の人の責任能力を踏まえた支援のあり方に関する調査研究』（2017年）
12）川﨑和治「認知症高齢者の加害行為による賠償責任―最高裁平成28年3月1日判決を中心と
　　して―」『実践危機管理　第32号』ソーシャル・リスクマネジメント学会（2017年）56頁
13）厚生労働省社会・援護局地域福祉課　厚生労働省ホームページ参照
　　http://www.mhlw.go.jp/file/06-Seisakujouhou-12000000-Shakaiengokyoku-Shakai/
14）亀井利明「家庭危機管理」『リスクマネジメントの本質』同文舘出版（2017年）111頁

〈参考文献〉
・青野博之「認知証の者が発生させた事故とその配偶者・子の民法714条に基づく損害賠償責任」
　『新・判例Watch　19号』日本評論社（2016年）
・亀井利明「家庭危機管理」『リスクマネジメントの本質』同文舘出版（2017年）
・川﨑和治「認知症高齢者の加害行為による賠償責任―最高裁平成28年3月1日判決を中心とし
　て―」『実践危機管理第　32号』ソーシャル・リスクマネジメント学会（2017年）
・窪田充見「責任能力と監督義務者の責任―現行法制度の抱える問題と制度設計のあり方―」『不
　法行為法の立法的課題　別冊NBL 155号』現代不法行為法研究会編（2016年）
・田口文夫「責任無能力者の加害行為と監督義務者の責任―認知症高齢者の事例を中心に―」『専
　修大学法学研究所紀要　43号』『民事法の諸問題XV』（2018年）
・二宮周平「認知症高齢者鉄道事故訴訟最高裁判決をめぐって」『実践成年後見　63号』民事法
　研究会（2016年）
・野村総合研究所　平成28年度老人保健事業推進費等補助金（老人保健健康増進等事業分）『認
　知症の人の責任能力を踏まえた支援のあり方に関する調査研究』（2017年）

第5節　介護の責任と注意義務

1　はじめに

　2019年7月現在で，東京都世田谷区の介護保険事故報告取扱要領に基づい
た介護サービス事業者から報告のあった，2018年度中に発生した事故報告に
よると，介護事故の内容においては転倒・骨折402件（35.1％），転倒・打撲

200件（17.3％），誤薬・処方漏れ253件（16.0％），転倒・損傷・表皮剥離・擦り傷125件（11.8％）となっており，転倒が約5割を占めている。ここで注目すべき報告は，介護事故後の対応において，家族等からの損害賠償の有無については，「なし」が1,501件で，全体の9割（92.0％）を占めている点である[1]。

　世田谷区の介護事故報告において，介護事故が生じても家族等が施設側に損害賠償請求をしない場合が9割に及んでいる現状は，少なくとも1割の家族は本来感謝されるべき施設を訴えているということである。この1割が施設の訴えを提起する要因，介護事故に関する判例を素材に介護事故の責任と注意義務について分析することとする[2]。

2 不法行為責任と「語り」という日常的言説

　介護事故や医療訴訟という紛争過程においては，対象となる行為や状況を取り上げて，違法性や過失，権利侵害等の要件を当てはめ，責任の成否や損害賠償責任の範囲等が検討される。裁判官の法的判断には有限の法文しか含まれない中で，その適用結果を法文に当てはめて判決を下す。例えば，「故意又は過失によって他人の権利又は法律上保護される利益を侵害した者は，これによって生じた損害を賠償する責任を負う」という民法第709条の条文は特定の事件の解決について定めたものではなく，すべての「他人の権利を侵害した」事件に適用され，その都度の判決を正当化できるものだと考えられている。修得した要件という認知の枠組みを通じて，状況を分析し，前提となり事実関係を要件に照らして構成していく。そして，法文から具体的な結論を導出し，体系的連関を築くことによって有限と無限のあいだに架橋する手段として，法的三段論法を典型とする法的判断が想定されることになる[3]。

　法的三段論法では，「他人の権利を侵害した者は損害賠償責任を負う」という法文，「被告Aが他人の権利を侵害した」という事実，「ゆえに，被告Aは損害賠償責任を負う」という判決，となる。法的三段論法においては，帰結たる命法は法文を基礎とした演繹によって必然的に導出されたものである。そのため，事実認定が正しかったとすれば，根拠となった法文の規範性が継承され，個別の命法が規範性をもつということを正当化できるのである。

　しかし，法文それ自体を起源と想定することが望ましい結果を導かない場合がある[4]。同じ介護事故を起こしても，施設側の責任を追及するための訴訟を提起する家族がいれば，提起しない家族も存する。この訴訟になるかならないかの分岐点の一つとして当事者の「語り」という日常的言説に本質的な原因があると思われる。

3　介護事故裁判例における当事者の「語り」

　介護事故裁判において，当事者の「語り」が訴訟原因となった要因について介護事故の判決文を素材に検討することとする。

① 利用者自らが，立ち入りが予定されていない職員専用のトイレに行き，ポータブルトイレを捨てに行って転倒・骨折した事案において，「ポータブルトイレの汚物処理をナースコールで連絡ができたはずである。利用者にポータブルトイレの処理を頼んだ事実はない」の「頼んだ事実はない」という語りの中に施設側が家族に対して敵対的な主張になっている[5]。

② 利用者が施設から失踪し行方不明となり，遺体となって発見された事案において，「失踪に気づくまで3分程度，また職員の人員は適正だった」の「3分程度……人員は適正」という語りの中に，施設側には責任がない主張となっている[6]。

③ 利用者が布団から自ら動き出し，転倒・骨折した事案において，「原告が施設を利用して52回目にして初めて起きた。自ら布団を離れて動き出すことはなかった」の「初めて起きた」の語りの中に，今まで自ら動き出すことがなかったから，施設側には，責任はないという主張となっている[7]。

④ 利用者が朝食直後に意識不明になって誤嚥が原因で死亡した事案において，「意識がない状態だがどうするか」と家族に問い合わせた。家族は「救急車を呼んで下さい」と言った。施設側が「家族に問い合わせて」という語りの中に，家族の指示どおり救急車を呼んだのであるから，施設側には責任がないという主張になっている[8]。

⑤ 深夜興奮した全盲の利用者を施設側が三階の別室に長時間放置し，三階

の窓から転落・死亡した事案において，「わざわざ施錠してあり，近くの家具を利用して窓の外に出ることは予見不可能」の「予見不可能」という語りの中に施設側には全く責任がないという主張になっている[9]。

⑥　1人の職員が利用者を送迎中に，利用者が車内で転倒・骨折した事案において，「利用者は十分な体力があったため，送迎に2人の職員はいらない。送迎代は200円と低額であった」の「十分な体力があった」という語りの中に，職員の人数に問題がない。また，「送迎代は200円」の語りの中に，低料金で送迎しているため，事故の責任は軽減できる主張となっている[10]。

⑦　職員が見ていない場所で利用者同士のトラブルによる転倒・骨折事故の事案において，「すべての行動を24時間体制で監視，監督することは不可能」の「不可能」の語りの中に施設側の責任が全くないという主張になっている[11]。

⑧　利用者の職員のトイレ介助の申出にもかかわらずトイレ介助を2回拒否し，トイレ内で転倒・骨折した事案において，「トイレ内部の同行を2回拒み，トイレ内の戸を閉めた」の「2回拒み」の語りの中に，利用者が2回も介護拒否したのであるから施設側には責任がないという内容になっている[12]。

以上の介護事故の判例において，ここに共通する「語り」の中に被害者に対する敵対的な言葉，施設側の責任逃れの主張がみられる。さらに事故後の対応において，次の語りの中に，家族への介護事故の連絡を施設側から自らしていないという点で，家族側の不信感をさらに増幅させている。

①　全盲の利用者が三階の別室から窓を開けて転落・死亡した事案において，「利用者死亡後に搬送先の病院から家族に連絡があった」[13]。

②　利用者が転倒・骨折した事案において，「帰りが遅いので施設に電話をかけて初めて事故を知った」[14]。

この家族の「語り」のように，施設職員間で介護事故の事実を隠蔽する行動をとれば，家族側の不信感はさらに増幅し，真相究明のため，施設を訴訟という形で責任を追及するのである。つまり，施設側に大切なことは介護事故後に

家族側に「事故後の初期対応を誠実に的確にする」ことである。また，施設側が家族に対して，介護事故の詳細な説明をし「協力・努力する」姿勢こそが家族の不信感を軽減できるのである[15]。

4　「語り」という日常的言説による今後の施設側の対応

　介護事故が発生したときの事後対応の語り方こそが「心の和（信頼・協力）」の視点の上で大切である[16]。つまり，介護事故後の家族の対応において，「語り」において，心の和を図り，施設側が家族に対して，信頼関係を構築し事故後の真相究明に協力する視点が大切である。

　また，法制度においては，生活困窮者自立支援法の基本理念には，本人の内面からわき起こる意欲や想いが主役となり，支援員がこれに寄り添って支援し，「支える，支えられる」という一方的な関係ではなく，「相互に支え合う」と明記されている[17]。つまり，敵対的な責任逃れの言い訳，支えてあげているという強権的な姿勢は，施設側の責任を追及する火種になるのである。家族側と施設側との相互において「支える，支えられる」という一方的な関係ではなく「信頼，助け合いの重視（ソフトコントロール）」[18]が重要である。良好な関係を構築するためには，利用者と施設側の信頼関係を普段から相互に支え合う関係を築きあげることが大切である。

　事故後の語り方においては，①事故後は被害者に共感的に寄り添う。②温かく共感的で落ち着いた態度や口調で話す。③事故後の家族の対応に困難が予想される場合には，複数の施設職員が対応する，という視点をもつことが何より大切である。

　そして，事故が発生した場合，速やかに関係職員による検証を行う必要がある。人の記憶は時間とともに曖昧になる。時間的経過を含む詳細な事実関係を記録に留め，原因究明を行うことは，今後の介護事故防止において役に立つのである。その際，経営者が率先して全責任を負うとの姿勢を職員に示すことが肝要である。職員個人の責任を追及する「犯人捜し」の姿勢では，事実が隠蔽され，原因究明が困難になりやすい。介護事故後は第一に家族に対して謝罪をし，家族に速やかに事実関係を説明すべきである。謝罪は施設側にとって事故

責任を認めたことになり，謝罪することを躊躇する考えが根強いと思われるが，謝罪が直ちに施設側の過失を認めることにはならない。施設側の過失を否定した裁判例によれば，「施設長が謝罪の言葉を述べ，原告らには責任を認める趣旨と受け取れる発言をしていたとしても，これは，介護施設を運営する者として，結果として期待された役割を果たせず不幸な事態を招いたことに対する職業上の自責の念から出た言葉と解され，これをもって被告に本件事故につき法的な損害賠償責任があるというわけにはいかない」という判決がなされた[19]。

　つまり，事故後に事業者が行った謝罪について，利用者の遺族は，当初は責任を認めていたにもかかわらず，後日法的責任はないという態度に変わったことを不当であると主張したが，裁判所においては，施設長が謝罪の言葉を述べ，責任があるという趣旨と受け取れる発言をしていたとしても，結果として期待された役割を果たせず不幸な事態を招いたことに対する職業上の自責の念から出た言葉と解され，これをもって事業者に法的な損害賠償責任があるというわけにはいかないと判断しているのである。このような謝罪という「語り」は責任追及の要因になるものではなく，施設側の自責の念とした点で，施設側に一定の配慮を裁判所は示しているのである。

5 介護事故裁判と日常的言説

　介護事故の責任においては，施設側が請求される要因としては，施設側の「謝罪がない」「敵対的な言動がある」「施設側には責任がない主張を繰り返す」という当事者の置かれた状況や主観的な語りが訴訟まで発展し，裁判官の心証形成にも少なからず影響を与えているものと思われる。当事者に寄り添い，当事者の語りに耳を傾けて共感的に寄り添えば，前述の世田谷区の損害賠償請求をしない9割の家族のように，本来感謝すべき施設側の主張を受け入れるはずである。判決を下す裁判官は人の痛みを感じる人間である以上，人が法を信じられる判決内容にする必要性を感じているはずである。裁判官においても「常識と感性の社会に生きている」[20]視点をもっているのである。つまり，現状において，裁判も人が行う以上，陳述調書が論理的な判断を志向するものであっても，人としての感性，情動などの人の心を揺さぶる語りに依拠して裁判が行

われるのである[21]。そのためには，法の枠組みを前提とした当事者自身の関心や主張を中心に解決を図ることが大切である。現行の専門的な訴訟構造や法専門家の活動形態において，法律の専門家にとって，法的観点から定義し，法的に選ばれた争点だけを解決することは容易なことであるが，それは，当事者自身の本当の問題解決の機会を奪い，当事者を真の意味の紛争から排除することになるのである。要件・効果，因果関係，過失という類型の定式に一定の配慮をしながらも，紛争当事者の「語り」という日常的言説を尊重しながら，問題解決の糸口を探し出していくことが何よりも重要である。当事者の自己解決能力を引き出していくことが必要なのである。介護事故の訴訟当事者には，訴訟までされない「語り」の本質を理解する必要があろう。介護サービスが人的サービスである以上，必ず介護事故は発生する。施設側が利用者にどんなに注意を払っても，人間が行うサービスである以上，事故は発生するのである。

　以上のように介護事故裁判例が示すように，介護事故が発生し，訴訟まで発展するのは施設側の不誠実な対応，つまり責任逃れの「語り」，真相究明をしない「語り」，謝罪を認めない「語り」が家族側の訴訟提起の要因，裁判官の心証形成において少なからず影響を与え，施設側の敗訴の要因になっているものと考えられる。介護の責任と注意義務においては，介護事故が発生した場合には介護事故という事実は消えることがない以上，今後の介護サービスにおいてはこのような語りという日常的言説に注意を傾けることが必要であろう。

〈注〉
1）なお，損害賠償請求有りが108件（6.6%），未定が23件（1.4%）である。『令和元年7月時点　東京都世田谷区　介護保険事故報告』
　https://www.city.setagaya.lg.jp/mokuji/fukushi/001/003/008/d00015853
2）この点，世田谷区の事故報告書には，損害賠償責任を追及しない原因を明確に記載していない。
3）大屋雄裕『法解釈の言語哲学　クリプキから根元的規約主義へ』勁草書房　（2006年）3頁
4）この点，窪田は，さまざまな者が関わる現実の社会状況において，何を不法行為として把握するのか，誰に焦点を当てるのかという，より基本的な問題も含まれ，前提となる社会状況や社会における価値観の変動が，問題状況をどのように把握するのかという点で変化をもたらすと主張する。窪田充見「特集にあたって　不法行為法学の混迷と不法行為法の動態的性格」『論究ジュリスト　№16』有斐閣（2016年）5頁
5）福島地方裁判所白河支部平成15年6月3日判決　537万円認容『判例時報　1838号』26頁

6）静岡地方裁判所浜松支部平成13年9月25日判決　284万円認容『賃金と社会保障　1352号』旬報社　112-116頁

7）福岡地方裁判所平成15年8月27日判決　470万円認容『判例時報　1843号』133-143頁

8）横浜地方裁判所川崎支部平成12年2月23日判決　2,200万円認容『賃金と社会保障　1284号』旬報社　43-47頁

9）東京地方裁判所平成12年6月7日判決　600万円認容『賃金と社会保障　1280号』旬報社　14-21頁

10）東京地方裁判所平成15年3月20日判決　686万円認容『判例時報　1840号』20-26頁

11）大阪高等裁判所平成18年8月29日判決　1,054万円認容『賃金と社会保障　1431号』旬報社　41-69頁

12）横浜地方裁判所平成17年3月22日判決　1,253万円認容『判例時報　1895号』　91頁

13）前掲書9）14-21頁

14）前掲書7）133-143頁

15）赤堀勝彦「高齢化の進展と福祉サービスにおけるリスクマネジメントの重要性」『神戸学院法学　第39巻第2号』（2009年）42-43頁

16）亀井利明「決断と危機突破」『危険と管理　第46号』日本リスクマネジメント学会（2015年）19頁

17）厚生労働省ホームページ参照
http://www.mhlw.go.jp/stf/seisakunitsuite/bunya/0000059425.html

18）上田和勇「危機突破とレジリエンス」『危険と管理　第46号』日本リスクマネジメント学会（2015年）4頁

19）東京地方裁判所立川支部平成22年12月8日判決『判例タイムズ　1346号』199頁以下

20）亀井利明「危機突破とガン克服に向かって」『実践危機管理　第30号』ソーシャル・リスクマネジメント学会（2015年）103頁　亀井はがん克服の突破法として，がん克服の中で，すべては常識と感性の社会に生きている，と論じている。

21）この点，裁判所に対して主張していくとき，要件で整理された見取り図は必要というより不可欠なものであって，それがないと，裁判官にどう説得してよいか，説得できるか不安とする見解に対して，訴訟の中には，議論の枠組みがあり，その中で事実を説得的に，時に感情に訴えかけるレトリックを交えて訴状や準備書面を書いていくことが大切であるという見解がある。棚瀬孝雄「諸言」西田英一・山本顯治編『振舞いとしての法』法律文化社（2015年）iv頁

〈参考文献〉

・赤堀勝彦「高齢化の進展と福祉サービスにおけるリスクマネジメントの重要性」『神戸学院法学　第39巻第2号』（2009年）

・上田和勇「危機突破とレジリエンス」『危険と管理　第46号』日本リスクマネジメント学会（2015年）

・大屋雄裕『法解釈の言語哲学　クリプキから根元的規約主義へ』勁草書房　（2006年）

・亀井利明「決断と危機突破」『危険と管理　第46号』日本リスクマネジメント学会（2015年）

・亀井利明「危機突破とガン克服に向かって」『実践危機管理　第30号』ソーシャル・リスクマネジメント学会（2015年）

・窪田充見「特集にあたって　不法行為法学の混迷と不法行為法の動態的性格」『論究ジュリストNo.16』有斐閣（2016年）

・棚瀬孝雄「諸言」西田英一・山本顯治編『振舞いとしての法』法律文化社（2015年）

第6節　介護における人的サービスとリスクマネジメント
―心の危機管理からの一考察―

1　はじめに

　日本経済新聞2019年3月15日によると，厚生労働省は全国の特別養護老人ホーム（特養）と老人保健施設（老健）で，2017年度の1年間に事故で死亡した入所者が少なくとも計1,547人いたとの調査結果の速報値を公表した。死亡事故の内訳は特養が計772施設で1,117人，老健が275施設で430人だった。ただ，入所者がけがをするなどの事故が起きた場合，施設は国の省令に基づき，市区町村や入所者の家族に報告する義務があるが自治体が国に報告する必要はないため，都道府県別の内訳や詳細な内容は明らかにしていない。そのため介護事故を分析する視点として重要になるのは「介護事故裁判例」である。

　介護事故裁判過程は裁判官が当該事案の事実認定をするにあたって，通常は1年以上，弁護士，検察官との弁論過程や証人による証人尋問の過程を通じて，裁判官が精査し，裁判官の良心と経験や過去の判例（先例）と社会通念にしたがって，当該事案に対して心証形成し，複数の裁判官の合議制によって判決を下す点から，判例はいわば社会科学的視点を有するといえる。日本国憲法が改正され，または社会情勢が大きく変化する場合は別として，一度判決が下されると，今後の同種類型の事案に対しては，当該事案に関する訴訟関係者および社会全体を拘束するといえ，判決そのものが，社会的行動規範として客観性を有する点で社会科学的な視点をもつようになるのである。

　このように社会科学的視点をもつ判例，国会で制定される法制度は，合理的で厳密な概念化とカテゴリー化を媒介として，その形式性において適切に作動し，普遍的ルールの客観的事実への厳格な適用を理念とする近代法においては社会的な規範として認識されている。一方で，介護サービスに関する判決，法制度の中に，理論や裏付けがない本能的な「感性」や，瞬間的な「直観」という，情緒・感情を喚起させる「主観的」エレメントと目されるものが主要な位置付けを占めているように思われるのである。

　介護事故裁判過程において，理論的，合理的，理性的にリスクの要因を体系的に分析することが困難な状況において，「直観」に依存している「感性」[1)]が裁判官の判決までの心証形成に影響を及ぼしていることがあるのか。つまり，法制度の客観性と形式性の秩序とは対極にあるものと考えられていた「直観」に依存している「感性」に，将来のリスク動向を把握する能力があり，リスクについての理性だけでは解決し得ない法分野に「リスク感性」が重要な位置付けを占めているものと思われる。

　本稿では，合理的・理性的・客観的な法的判断基準を前提としている判決および法制度に「直観」に依存した「感性」の視点が，介護事故裁判や法制度にどのような影響を与えているのかを考察する。また，本来利用者の自己責任で発生した介護事故の責任を裁判では，なぜ施設側の責任として高額な損害賠償を認定したのか，その原因と背景を分析し，施設におけるリスクの分析をする。つまり，介護事故の判例研究に基づいて，事故が生じた場合の事後的な対応を判旨の視点を踏まえて，個別具体的に検討し，「人の心，和」[2)]の視点から，介護事故というリスク像を浮かび上がらせ，現代的な法制度概念を立証し，結果的に介護事故軽減を目指し，介護施設側に介護事故に対する自覚を促し介護事故軽減のための体制を構築することを目的とする。

2 介護サービスとリスク

　そもそもリスクは「将来の出来事に関するものである。すなわち，リスクは，個人活動であれ企業活動であれ，将来の人間生活の中にさまざまな形で入り込んでくる。また，人間がなんらかの行動や活動をすること自体がリスクで，そこには不確実性が存在し，その結果を完全に統制することはできない」[3)]のである。

　特に介護サービスは，人間が行動・活動する人的サービスである以上，人による介護サービス自体がリスクで，利用者の転倒・骨折事故，誤嚥事故というリスクを完全に統制することはできない。つまり介護事故を回避することは不可能である。しかし，入浴・食事・排泄介助という施設職員の通常業務において，介護事故が発生すると，施設側の対応によっては，利用者およびその家族

は穏やかだった表情が豹変し，不満から失望，怒りに変わり，施設側の過失を
徹底的に追及するために，訴訟を提起する場合がある。訴えられると，裁判は
長期化し，精神的な負担が増大する。この介護事故裁判で特質すべき点は，本
来，利用者の自己責任で発生した転倒・骨折事故でさえも施設側の責任を追及
する点である。そして，裁判でも利用者の自己責任で発生した介護事故におい
ても，高額な損害賠償請求を施設側に認定する点である。

　民法の私的自治の原則の下，契約自由の原則があり，私人相互間で契約を自
由にすることができ，その契約に違反すれば，損害賠償責任が課されるのが通
例である。介護サービスにおいても，本来，施設側の見守り義務違反などが原
因で利用者が転倒・骨折をすれば，施設側に損害賠償が認定されるのは，合理
的な考え方である。

　しかし，介護事故裁判の現状では，利用者の自発的な意思によって，施設職
員の指示に従うことなく，利用者本人がリスクをつくり出した場合でも，本来
利用者自身の自己責任である転倒・骨折事故を，利用者は施設側の責任である
とする。利用者は，なぜ訴訟過程で施設側の過失責任を追及し，裁判では，施
設側の過失責任を認定するという判決が下されるのか。介護事故の実態を把握
することが困難な現状にあって，本来感謝されるべき施設が訴訟にまで発展し
た介護事故裁判において，まずは，合理的・理性的な判断基準の対極にある
「直観」に依存している「感性」の視点が裁判過程にどのような影響を与えて
いるのかを考察する。次に介護施設の待機者が多い中で，本来感謝されるべき
施設側が訴えられる要因として，「心の危機管理」，つまり「人の心，和」の乱
れ・欠落が少なからず，訴訟提起の原因となり，さらに裁判過程においても，
施設側敗訴に影響を及ぼしている点についても考察する。

（1）「直観」が介護事故裁判過程に影響を与えた事例—本人の介護拒絶と介護施設の安全配慮義務[4]

　本人の介護拒絶と介護施設の安全配慮義務が問題とされた事例で，帰りの送
迎車を待つ間，いつものように広い身体障害者用トイレで用を足そうとソファ
ーから立ち上がった当時85歳の利用者に「ご一緒しましょう」と二級ヘルパ
ーの資格をもつ女性介護職員が声をかけた。「ひとりで大丈夫」という返事に，

職員はさらに「トイレまでとりあえずご一緒しましょう」と言い，右手で杖を
ひく当該利用者の左腕を持って介助するなど見守った。職員がスライド式の戸
を半分開けたところ，利用者は中へ入り，「自分ひとりで大丈夫だから」と内
側から自分で戸を完全に閉めた。「あ，どうしようかな，戸を開けるべきか，
どうするか」と，職員は迷った。しかし，出たあとにまた介助しようと，トイ
レから数メートル離れた洗濯室へ行き，乾燥機からタオルを取りだそうとし
た。そのとき，「痛いよ」と叫び声がトイレから聞こえ，戸を開けたところ，
当該利用者が右足の付け根を床に打ちつけ横転していた[5]，という。

　本件では，この「あ，どうしようかな，戸を開けるべきか，どうするか」と
いう，職員のこの一瞬迷った「直観」が裁判の争点の一つとなった。

　判決では，「意思能力に問題のない要介護者が介護拒絶の意思を示した場合，
介護義務を免れる事態が考えられないではない。しかし，そのような介護拒絶
の意思が示された場合であっても，介護の専門知識を有すべき介護義務者にお
いては，要介護者に対し，介護を受けない場合の危険性とその危険を回避する
ための介護の必要性とを専門的見地から意を尽くして説明し，介護を受けるよ
う説得すべきであり，それでもなお要介護者が真摯な介護拒絶の態度を示した
というような場合でなければ，介護義務を免れることにはならない。職員は介
護を受けない場合の危険性とその危険を回避するための介護の必要性を説明し
ておらず，介護を受けるように説得もしていないのであるから，歩行介護義務
を免れる理由はない」とした。横浜地裁は右のような評価で，後遺障害の慰謝
料や付き添い介護費など約1,253万円の支払いを法人に命じた。

　この判決で注目すべき点は，介護の専門家である介護義務者が「あ，どうし
ようかな，戸を開けるべきか，どうするか」という施設職員の過去の経験や知
識に基づいた瞬間的な「直観」が生じた場合には，介護の専門家として「専門
的見地から意を尽くして説明し，介護を受けるよう説得すべき」ということを
判決の中で要求している点である。つまり介護の専門家の過去の経験に基づい
た「直観」を施設側の過失認定の一つの基準として，施設側の損害賠償を認定
した点で注目すべき判決といえよう。

（2）「人の心，和」が介護事故裁判過程に影響を与えた事例[6]

　事案の概要において，利用者A（当時95歳女性，要介護3）に施設側が①自ら汚物処理場に捨てに行かないで，②忘れたらナースコールで職員を呼んで下さい，とお願いをしていた。しかし，勝手に職員専用の汚物処理場に捨てに行き，転倒し，骨折した。本来，転倒・骨折の原因は利用者の自己責任のはずであるが，裁判では請求約1,054万円のうち，537万円の損害賠償請求が認められた。

　裁判所の判断は，①施設側にポータブルトイレの清掃義務において，3回に1回は清掃義務違反がある。②ポータブルトイレの清掃を頼んだ場合に，「直ちにかつ快く」処理していない現状があった。施設職員が処理を後回しに，いやいや処理していた現状があった。また，捨ててもらえない状況であった。③トイレそのものの処理の願いは遠慮がちになりやすい行動のひとつ，と認定した点である。本来，福祉施設は，身体機能の劣った状態にある要介護高齢者の入所施設という特質性があり，施設側の指導を理解できない利用者をあえて受け入れ，入所契約をしている特質性がある。認知症といえども，ポータブルのトイレが清掃されていない状態が続けば，利用者が本能で処理場に捨てにいくことは自然な行動である。

　本判決の特徴は，ポータブルトイレの処理を頼むことは本来遠慮がちになりやすいという利用者の「心」に注目した点である。また，ポータブルトイレの処理を頼んだ場合に，職員が直ちにかつ快く処理していないという利用者と施設職員の「人の和」が構築できていない点に過失を認定した点で「人の心，和」が介護事故裁判過程の心証形成に影響を及ぼした判決として注目することができよう。

（3）「人の和」の欠落・不信が原因で訴訟提起された事例

　夜間，老人保健施設に入所していた女性（当時70歳，全盲，認知症の症状あり）が三階居室から落下して死亡したのは，施設職員が適切な介護・看護の措置を怠ったことによるとして，女性の内縁の夫が施設側に慰謝料の賠償を求め，判決は請求1,000万円に対し600万円を認容した[7]。

　この事例では，利用者が死亡した事実を施設側からではなく搬送先の病院の

医師から初めて電話で本件事故の事実が知らされ，事故後施設側は納得のいく説明をせず，誠意のある態度を示さなかった点で訴訟提起に至ったのである。

また，当時95歳の原告が，介護サービス中の見守り義務違反による転倒・骨折の傷害を負って入院し，施設側に対し，介護サービス契約上の安全配慮義務の債務不履行に基づき，損害賠償として慰謝料等合計1,340万円に対し470万円を認容した事例[8]では，帰りが遅い利用者を心配した家族が施設側に電話して初めて骨折して病院にいることが判明した点が訴訟提起の要因になった。

この2つの事案はどちらも施設側から介護事故の連絡はなく，介護事故の隠蔽化，密室化が利用者および家族と施設側の「人の和」の欠落・不信が，訴訟提起の要因となったのである。「人と人との間の信頼，絆，信頼感のある者同士のネットワーク」を重視するソフト・アプローチ[9]をおろそかにしたため，訴訟にまで発展したのではないか，と思われる。つまり，施設側に利用者に対して謝罪，誠実さや倫理観，利用者およびその家族とのネットワークの欠如が施設に対する訴訟提起の大きな要因である。

3 「人の心」が法改正に影響を与えた介護事故裁判例

社会福祉士及び介護福祉士法等の一部を改正する法律（2007年12月5日公布）では，社会福祉士及び介護福祉士法第2条において，介護福祉士の業務を「入浴，排泄，食事その他の介護」から「心身の状況に応じた介護」に改正された。また障害者基本法の改正（2011年8月5日公布）では，第2条において，改正前の規定では，「障害者」とは，身体障害，知的障害，精神障害があるために継続的に日常生活または社会生活に相当な制限を受ける者と定義していたが，「障害者」の定義を「身体障害，知的障害，精神障害（発達障害を含む。）その他の心身の機能の障害がある者」として，精神障害の中に発達障害を含むことを明らかにし，さらに「その他の心身の機能の障害がある者」まで範囲を拡大した。

このことは，法改正においても「人の心」を危機管理の中核においたからこそ，「入浴，排泄，食事その他の介護」から「心身の状況に応じた介護」に，また，障害者の定義を身体障害，知的障害，精神障害から「その他の心身の機

能の障害がある者」まで範囲を拡大したのである。その法改正前の介護事故裁判例の「心身の状況，心身の機能」という概念が裁判官の心証形成に影響を及ぼし，その判断基準が法改正にまで影響を及ぼしているかどうかを検証するため，介護事故の裁判例を分析することとする。

（1）「心身の状況に応じた介護」が控訴審に影響を及ぼした介護事故裁判例

　要介護者の介護事故において「心身の状況に応じた介護」という概念に対する裁判官の受け止め方の違いにより，原審と控訴審の判断が分かれた判例がある。

　この事案は，介護施設職員（以下，Y）が，要介護者（以下，A）が入浴予定であった湯温を測りに出向いたわずかな隙（10数秒ないし20～30秒であったと推測）に，Aが待機場所を動いて転倒するという事故が発生した。原告（Aの相続人ら）からの介護施設に対する損害賠償請求について，控訴審[10]は，原審の判断を覆し，YがAから目を離すにあたっては，当該状況が目を離しても差し支えない状態であるか否かを確認すべき義務を負っており，こうした「事前確認すべき注意義務」を怠った介護施設には安全配慮義務違反があったとして，介護施設側の損害賠償責任を認めた。

　他方，原審においては，椅子に座って待機するよう指示を受けたAに対して，Yは，「10数秒ないし20～30秒の間でも，椅子に座っているAから片時も目を離してはならないという法的義務（終始見守る注意義務）までを負ってはいない」と主張した。そして，もしYに，Aを終始見守り，常時目を離してはならないことまでを要求するような高度な注意義務を課すことになれば，その望まざる波及効果として，今後グループホームが同様の状態にある高齢者の引き受けを躊躇する事態を生じかねないとして，YのAに対する安全配慮義務を否定し，一定の高齢者の受け入れ拒否といった事態を招きかねないことを指摘した。

　本件における介護施設の安全配慮義務違反の有無をめぐって，控訴審と原審の判断を分けたものは，本件事故における「Aの心身の状況に関する受け止め方の違い」である[11]。原審がAの一般的な認知症の程度や運動機能（つかまりなしに独立歩行が可能），事故現場の物理的状況（平坦），これまでの転倒事故の

有無（転倒経験なし）に着目したのに加えて，控訴審においては，事故当日，多数の入居者とともに過ごしていた一階食堂から二階リビングに誘導されたことに伴う「場面転回による症状動揺の可能性」という当該状況における「Aの具体的な精神的状態」という「人の心」を危機管理の中心に捉えた点である。

　その上で，控訴審は，当該状況において，「職員としては，Aの許を離れるについて，せめて，Aが本件リビングに着座したまま落ち着いて待機指示を守れるか否か，仮に歩行を開始したとしてもそれが常と変らぬ歩行態様を維持し，独歩に委ねても差し支えないか否か等の見通しだけは事前確認すべき注意義務があった」とした。つまり，「落ち着いて待機指示を守れるか否か」という「心身の状態」に注目したのである。控訴審は，Aの日常生活時における一般的な心身の状態については，Aの強迫（こだわり）行動等の「人の心」の存在に施設側の危機管理意識を求めたのである。控訴審では，Aの置かれた場所の物理的な危険性やAの身体的な脆弱性を中心として論じる視点に加えて，新たに，利用者が置かれた状況下でのAの心理面での脆弱性という「人の心」が，裁判官の危機管理意識に対する心証を形成したのである。すなわち，あたかも，床のでこぼこが，通常の状態においては単独歩行の可能なAに，転倒という「特変」を引き起こし得るのと同様，食堂のようなにぎやかな場所からひとり引き離されて待機させられるという状況（「場面転回」）が，通常の状態においては待機指示を遵守できるはずのAに，「症状動揺」という「特変」を引き起こし，その「心身の状況」という「人の心」が裁判官の心証形成に影響を与えたのである。

　通常，利用者は職員と一対一で精神状態が安定するような状況であれば，職員とも簡単な会話はでき，衣服の着脱などもできる。しかし，食堂や談話室などのように，多人数でいる場合には，利用者は緊張して，冷や汗をかいたり，ほとんどしゃべれなくなったり，何もできなくなったり，また，不安定になり，帰宅したがったり，廊下をうろうろする「症状動揺」という「特変」が生じる可能性がある。つまり，このような状況では落ち着いて待機指示を守れる状況にはないのである。利用者は待機場所によって刻一刻と「心身の状況」が変化するため，利用者の「心身の状況」に応じたきめ細かな介護サービスが

常に求められるのである。

　その上で控訴審では，「本件事故は，常々指摘されていた，Ａの常と異なる不安定歩行の危険性が現実化して転倒に結びついたものである」と結論付けた。

　こうしたＡの情況に照らして控訴審は，本件事故の状況下において，安易な待機指示だけではＡがその指示を十分に理解し遵守することができずに不安定な単独歩行を開始する可能性，および「常と異なる」状態において単独歩行を開始した結果として転倒する危険性について，介護施設は予期すべきであったし予期できた，とした。かつ，そうである以上，介護施設には「十分な」待機指示によって結果を回避する義務があったとした。具体的には，ＹがＡの許を離れるにあたっては，Ａの心境に細やかに配慮したより丁寧な声かけ（例「すぐに戻ってきますから，心配いりませんからね」といった「語り」）や，徐々に離れてＡの様子を見るなどの行為が想定されたのではないかと思われる[12]。

　以上，控訴審は，利用者の「心身の状況」という「人の心」を危機管理の中核に据えており，介護者には要介護者から目を離してよい場合が全くないわけではないことを前提として，目を離すにあたっては，当該状況が目を離しても差し支えない状態であるか否か，具体的には，「場面転回」による「症状動揺」といった「人の心」に「特変」が生じていないかを確認すべきという意味での法的義務を認めたものと解する。

（2）老人保健施設における全盲の利用者の転落死亡事故の裁判例[13]

　判決では，日頃から帰宅指向が強く全盲であった当該利用者が，興奮し，第三者に迷惑を及ぼすことを避けるため，当該利用者を三階の別室に移動させた。全盲の当該利用者は，周囲の状況を視覚的に認知することができないため，通常の利用者以上にその行動には特段の配慮が必要であり，場合によっては，臨機の判断や対応をしながらその身体の安全や心神の安寧を確保することが施設側には求められるとした。三階の別室のベッドには布団もなく，雑然と物が置いてあり 埃（ほこり）がたまっていた。深夜，興奮して大声をあげている当該利用者を落ち着かせるために，三階のこのような別室に連れて行き，介護職員は利用者の近くに付き添うこともなく，長時間放置したこと自体を問題とした。

施設側としては，興奮している当該利用者を再度刺激しないようにと，室外から当該利用者に気付かれないよう様子を見るにとどめるということを継続していたが，この程度では直接適切な介護すべき義務を充たしていないとして，施設側の過失を認定した。この事案では，全盲の利用者の三階への移動という「場面転回」が，「症状動揺」という「人の心」に「特変」を引き起こしたと裁判所が認定した点に特徴がある。「人の心」に「特変」が生じたため，出口を探すため，窓を開け，転落したとして施設側の責任を認定した。

　このように，利用者は埃がたまり，寝具が準備されていない別室に移動したという場面転回が，「症状動揺」という「人の心」に「特変」を引き起こした点を認定したことは，「心身の状況」として裁判官が加味し，新たな「人の心」に判断基準を見出したものといえよう。

4 今後，施設側に求められる心の危機管理

　従来の裁判過程では，合理的知性，理性的判断能力に力点を置いて判決が下されていた。しかし，身体性が捨象され「人の心」自体に問題が生じた場合，「リスク」の本源性を発見することは困難である。つまり，「リスク感性」は，「人間である」という存在所与性としての個々の人間の卓越した性質概念や「合理的・自律的・理性的」な能力の成果と考えられる実体概念ではないのである。

　「人の心，和」は社会的承認において相互の尊重要求の肯定的な評価によって構成され，互いに人との等しい交わりの中で，相互的な承認の人格間の諸関係の中で，意義をもち得ると考える。その点で「人の心」は，実体概念でも性質概念でもなく，「関係概念」なのである[14]。

　相互に相手を等しいものとして尊重し合う関係が崩れたとき，心の修復を図るために訴訟に至るのである。そのため，関係論的事実に基づく「人の心」の修復を図るため，裁判官は倫理的考慮に基づいた法的判断を下しているのである。

　裁判までなると，原告の家族側は2つの「かんじょう（勘定・感情）」が支配する。家族が裁判まで訴えるのは，金銭賠償という「勘定面」である。さら

に，どうして「転倒・骨折してしまったのか，それが原因で寝たきりになってしまったのか」「誤嚥で死亡してしまったのか」「なぜ明確な説明をしないのか」「謝罪せずに密室化，隠蔽しようするのか」という施設側の対応に対して，「介護事故」の「原因究明」「謝罪」「再発防止」という家族側の「感情面」という「人の心」が支配し，損害賠償を通じて，この「感情面」という「心」の修復を図ろうとする。施設側では介護事故に備えて保険管理をし，被害者側に金銭賠償すれば済む問題ではない場合がある。被害者側は刑事事件で対応できない場合には，被害者感情を克服するため，やむなく民事事件に及ぶ場合も存するのである。

　転倒・骨折をしても施設側を裁判まで訴えないケースもある。その要因は施設側の介護事故を減らしたいという意識と介護事故後の対応にあると考えられる。本来，施設職員に対して家族は，介護をしていただいている，という感謝の気持ちでいっぱいである。本来自宅でしなければならない家族の介護の負担を軽減してくれる大切な役割を，施設側は担い，施設側の些細なミスに対しても家族は，遠慮がちになるのが通常である。その家族が訴える要因，介護事故の原因が裁判の原告・被告・判旨の中で随所にみられる。つまり，この裁判で明らかになった介護事故の視点を理解し，介護事故の危機意識を施設職員が共有し，ともに介護サービスにおいて実践することにより，介護事故の軽減につながる。たとえ介護事故が発生したとしても，この視点を理解・実践していれば，少なくとも裁判まで家族は訴えないと思われる。

　「自分の施設は，このような介護事故は起こらない」「今回の介護事故裁判例は特殊な事例である」という考え方自体がリスクである。「心の危機管理」を充実させるために，施設側にリスク教育が必要である。

　上記の介護事故の事例は，施設職員にとっては，判決自体が非常に理不尽で，利用者の自己責任でも施設側の責任が一方的に問われ，しかも裁判が認定した請求金額が高額というセンセーショナルな事例である。「信じる者」は「救われる」といわれるが，介護事故の裁判事例を「信」じる「者」は「儲」かる，つまり，裁判で指摘された介護サービスをすれば，高額支払いの請求がなされる。反対解釈をすると，このような介護サービスをしなければ高額の支

払いをしなくてもよいことになり，この裁判で認定された請求金額そのものを
負担しなくても済むことになる。その賠償金額分，「儲かる」ことになるので
ある。

　理性に基づくリスク認識は，リスク理論，統計的・会計的資料，チェックリ
スト等の結果に基づくものであるが，潜在的なリスクは発見できない。この潜
在的なリスクについては，科学哲学者マイケル・ポランニーは，言語によって
明示可能な理論知の基底に実践的経験によって獲得される，明示不可能な，あ
るいは困難な知の領野があることを指摘し，これを「暗黙の知」と呼んでいる
点で非常に近接していると思われる。ポランニーによれば，「われわれは語り
うること以上に多くのことを知っている」のであり，理論知は，われわれの知
識の，水面に表出した氷山の一角にすぎないという[15]。過去の経験や知識が瞬
間的に作用した「直観」に依存している「感性」が「暗黙の知」であり，そこ
に焦点を当てることが必要である。

　法規範あるいは道徳規範のように，定式化された規範原理によって説明可能
なルールは，社会生活のごく一部分を規律するにすぎない。むしろ，社会ルー
ルの大半は明示不可能な，ないしは極めて困難な黙示的ルールであって，「人
の心」もまた，定式化された原理の水面下に，膨大な黙示的ルールの世界を有
しているものと考えることができる。そのため，裁判過程，法制度の基底層の
分野を構成する要素として「リスク感性」をみがくことが介護サービスにおけ
る法分野においても危機管理の中核を占めているのである。

　すなわち，介護サービスにおいて必要なことは，金銭賠償という「保険管
理」のみならず，介護事故を軽減させたいという施設側の「人の心，和」を
「心の危機管理」[16]の中核にする視点こそが，介護事故の軽減につながるものと
いえよう。

〈注〉
　1）亀井利明『危機管理カウンセリング』日本リスク・プロフェッショナル協会（1999年）63頁
　　リスクの知覚や認識は理性ではなく，感性が優先する。理性に基づくリスク認識は，リスク理
　　論，統計的・会計的資料，チェックリスト等の結果に基づくものであるが，潜在的なリスクは
　　発見できない，と論じている。そして，過去の経験や知識が瞬間的に作用した「直観」に依存

しているのが「感性」であるとする。

2）亀井利明「はしがき　リスク感性とSRM」『実践危機管理　第28号』ソーシャル・リスクマネジメント学会（2013年）2頁　本論文では「人の心，和」を危機管理の中心に置きたい，とする。

3）亀井利明『企業危機管理と家庭危機管理の展開』危機管理総合研究所（2002年）20頁

4）横浜地方裁判所平成17年3月22日判決　一部認容　一部棄却（確定）平成15年（ウ）1512号　損害賠償請求事件『判例時報　1895号』91頁

5）横田一『介護が裁かれるとき』岩波書店（2007年）102頁

6）福島地方裁判所白河支部平成15年6月3日判決　平成14年（ワ）第17号　損害賠償等請求事件『判例時報　1838号』116-118頁

7）東京地方裁判所平成12年6月7日判決　平成9年（ワ）第19373号　損害賠償請求事件（確定）『賃金と社会保障　1280号』旬報社　14-21頁

8）福岡地方裁判所平成15年8月27日判決　平成13年（ワ）第3648号　損害賠償請求事件『判例時報　1843号』133-143頁

9）上田和勇「リスクマネジメントにおけるソフト・コントロールの意義と重要性」『危険と管理　第42号』日本リスクマネジメント学会（2011年）119頁

10）大阪高等裁判所平成19年3月6日判決『賃金と社会保障　1447号』旬報社　55-63頁

11）菅富美枝「成年後見・高齢者介護とエンパワーメント」ホセ・ヨンパルト他編『法の理論26』成文堂（2007年）194頁

12）菅富美枝「認知症の要介護者に対する待機指示と介護施設の安全配慮義務違反」『賃金と社会保障　1447号』旬報社　49頁

13）東京地方裁判所平成12年6月7日判決　平成9年（ワ）第19373号　損害賠償請求事件　『賃金と社会保障　1280号』旬報社　14-21頁

14）奥田太郎「特集　人間の尊厳と生命倫理へのコメント」ホセ・ヨンパルト他編『法の理論27』成文堂（2008年）132-133頁

15）Michael Polanyi, The Tacit Dimension, Glouster, Mass, 1983　葛生栄二郎「ハビトスとしての人間の尊厳―人間の尊厳とケア倫理―」ホセ・ヨンパルト他編『法の理論26』（2007年）17頁

16）江尻行男「雇用とリスクマネジメント―第33回日本リスクマネジメント学会全国大会統一論題の問題提起に関連して―」『危険と管理』日本リスクマネジメント学会（2009年）9頁　江尻は，介護スタッフの雇用・労働上のリスク要因として，①給与など待遇が低い，②仕事の性格上腰痛などの職業病になりやすい，③仕事および身分に関して社会的評価が低いことをあげている。このような現状において，心の危機管理の視点は，利用者の危機管理とともに，介護職員の心の危機管理の視点も重要である。

〈参考文献〉

・亀井利明『危機管理カウンセリング』日本リスク・プロフェッショナル協会（1999年）

・亀井利明『企業危機管理と家庭危機管理の展開』危機管理総合研究所（2002年）

・赤堀勝彦「高齢化の進展における福祉サービスのリスクマネジメント」『災害管理型リスクマネジメントの新展開　危機と管理　第44号』日本リスクマネジメント学会（2013年）

・江尻行男「社会福祉経営とリスクならびにリスクマネジメント」『非営利法人　697号』公益法人協会（2003年）

・拙著『高額支払い請求ケース　判例に学ぶ事故防止と事後対応13例』日総研（2013年）

・拙稿「判例研究に基づく根拠あるリスクマネジメント講座」『季刊誌　相談援助＆運営管理』日総研（2009-2012年）

・拙著『要保護的法主体像の理論構築』南窓社（2011年）
・拙稿「介護事故裁判例の具体的考察」渡辺信英編『介護事故裁判例から学ぶ福祉リスクマネジ
　メント　高齢者施設編』南窓社（2006年）

第7節　ナラティヴと医療過誤訴訟に関する研究
―原告側が弁護士を解任し，本人訴訟で勝訴した意義―

1　はじめに

　訴訟における法的三段論法においては，帰結たる命法は法文を基礎として特殊事象を推定する演繹によって必然的に導出するとされている[1]。裁判官はそのための事実を認定する作業をする。裁判官の直感，経験を踏まえ，類比，帰納などの方法論を駆使し事実を認定しそれを法文の構成要件に包摂し，法文の意味を解釈し帰結との結び付けをする。つまり，体系的連関を築きながら法的判断がなされるのである。その体系的連関の中で裁判官の心証過程などの法外的判断が法的判断に介在し得るのではないかと思う。特に医療過誤，施設の介護事故など現代的裁判といわれるものは法文のみからでは帰結しない傾向がみられる。それらの裁判においては，「要保護的法主体概念」という新しい主体概念の創出により，裁判官の心証が法解釈に影響を及ぼし，そのため保護領域が広がっていると考えられる。

　そこで本稿において，「裁判過程の体系的連関の中で裁判官の法的判断の中に要保護的法主体という主体概念が存在し，少なからず帰結に影響を及ぼしている」という仮説を設定した。それを検証するための作業仮説[2]として判例を分析することとした。また，裁判官の法的判断において，法文の構成要件に包摂し，法文の意味を解釈し帰結との結び付けをするという体系的連関の中で，裁判官の心証過程などの法外的判断に「日常的言説におけるナラティヴ」が介在し，裁判官の法的判断の中に，「要保護的法主体」という主体概念が存在し，帰結に影響を及ぼしている点を，下記の裁判例を素材に明らかにしていくことを目的とする。

2　「要保護的法主体」と日常的言説におけるナラティヴとの関係論

　「要保護的法主体」の判断基準において裁判官は，原告・被告側の法的言説と日常的語りのどちらを重視して判断しているのであろうか。

　裁判官の法的判断には有限の法文しか含まれない中で，その適用結果が無限に広がるという印象をもっている。例えば，「故意又は過失によって他人の権利又は法律上保護される利益を侵害した者は，これによって生じた損害を賠償する責任を負う」という民法第709条の条文は特定の事件の解決について定めたものではなく，すべての「他人の権利を侵害した」事件に適用され，その都度の判決を正当化できるものだと考えられている。法文から具体的な結論を導出し，体系的連関を築くことによって有限と無限のあいだに架橋する手段として，法的三段論法を典型とする法的判断が想定されることになる[3]。

　法的三段論法では，「他人の権利を侵害した者は損害賠償責任を負う」という法文，「被告Aが他人の権利を侵害した」という事実，「ゆえに，被告Aは損害賠償責任を負う」という判決，となる。法的三段論法においては，帰結たる命法は法文を基礎とした演繹によって必然的に導出されたものである。そのため，事実認定が正しかったとすれば，根拠となった法文の規範性が継承され，個別の命法が規範性をもつということを正当化できるのである[4]。しかし，法文それ自体を起源と想定することが望ましい結果を導かない場合がある。そこで，無限に広がる帰結の根源として法文の具体的な定式ではなく，法文に込めた意味というものを想定し，それを解明する作業が解釈として定位される必要がある[5]。その解釈として定位する方法の一つとして「要保護的法主体」という概念がある。

　介護事故や医療訴訟という紛争処理においては，日常的に生起する生の紛争が法文という法的コードに適合する形への加工を経て主張として構成され，かつ法的コードに従った法適用がなされるというのが，一つの理念的な見方である。確かに，訴訟の現場では，本人尋問，証人尋問，陳述書など，さまざまな機会を捉えて紛争をめぐるナラティヴという日常的な語りが現出することも事実である。しかし，こうした訴訟過程に現出する日常的語りは，法的言説にと

っては外在的なものとして位置付けられ，法理念的には「事情」や「間接事実」に関わるものとして，体系的な知のシステムたる法の中に回収され得ると捉えられていた。すなわち，法廷に現出する語りや言説は，法的判断を志向しており，かつ法という枠内を通してそこに縮減されていた。

　しかしながら，この「要保護的法主体」の概念の創出により，法廷に現出する日常的な語りのインパクトは，そのような静態的で体系的な位置付けを超えて，そこに関わるさまざまなアクターに深い影響を及ぼしているように思われる。実際，「間接事実」「事情」に関わる語りはもちろん，それにさえ含まれないような日常的な語りや言説さえ，その法理論上の従属的位置をいくら強調しようと，現実には密かに法的評価の中に浸透し，主たる規定因として法的判断の帰趨に決定的影響を及ぼしているように思われる例が多数存在している[6]。

　つまり，現代的訴訟において，判例は施設利用者や患者を「要保護的法主体」と位置付けている。「要保護的法主体」をカテゴリー化することは，事実の単なる記述を超えて，「要保護的法主体」をめぐるさまざまな言説が，対象者を「問題」として構成し，帰結に決定的な影響を及ぼすのである。「要保護的法主体」の言説が帰結の法的思考過程を構成する。「要保護的法主体」は，原告・被告・裁判官という他者との関わりの中で，他者が思い描くイメージとぶつかり合い，すり合わされる中で，形づくられていく。つまり，「要保護的法主体」は他者との関係性という社会過程を通して構成される。「要保護的法主体」を構成する上で，言語が決定的な役割を果たすことを意味する。「要保護的法主体」は，言語の網の目によって維持され，一定のまとまりをもつものとして経験される。言語の体系にそって「要保護的法主体」は理解される。被害者の語りという日常的言説が物語の形式をとることによって，意味の一貫性とまとまりを獲得するのである。

　さまざまな出来事の中から，重要な出来事とそうでない出来事が区別されて，出来事と経験の連鎖がひとつの物語となったとき，「要保護的法主体」を構成するのである。「要保護的法主体」は，日常的言説が語られるたびにその都度，変形され更新される可能性をもっている。「要保護的法主体」が新しい何かと出会うことで，いままでの「要保護的法主体」が微妙に変化し始め，し

ばらくするうちにかなり違ったものになることがある。つまり、「要保護的法主体」は常に変化する可能性をもち、日常的言説が語るたびに語り直され別の「要保護的法主体」へと展開する可能性をもっている。「要保護的法主体」の変化は「語り」の変化をもたらし、「語り」の変化は「要保護的法主体」の変化をもたらしているのである。

　「要保護的法主体」は、セオリーによって構成されるのではなく、「語り」によって今、生きようとする人々の存在を構成している。「要保護的法主体」を構成している「語り」からさまざまな要素を描き出すことによって、裁判官は、判決という帰結に影響を及ぼしているのである。

　また逆に、法廷に現出する日常的言説も、まさに法廷という場、およびそれを言説的に構築している法的言説によって強く規制され浸潤されつつ構造化されている。しかしながら、こうした日常的言説と法的言説の関係は、しばしば対立的に位置付けられるにとどまり、その暗黙裡の相互浸透関係については必ずしも十分な検討がなされているとはいえない[7]。

　さらにこの法的言説と日常的言説との交錯は、法廷という場における、そして「法廷という場の意味」それ自体についての各アクターの「解釈」を前提とする言説コントロールをめぐるある種の権力と抵抗のせめぎ合いの場でもある。このせめぎ合いの中で、日常的言説と法的言説はいかなる形で媒介され、相互に影響し合っているのだろうか。

　以下は、これら法的言説と日常的言説の相互浸透ないし相互構築関係とそこに発現する権力の動態を読み解いていこうとするものである。次に医療過誤事件の過程、当事者と弁護士の関わり、法廷での言説と語りを素材として、原告・被告が交わす法的言説と日常的言説の交錯とせめぎ合いの構造を、裁判例を比較・分析することにより、「要保護的法主体」において、「語り」という日常的言説が裁判官の心証に影響を及ぼしていることを検証する。

3 原告側が弁護士を解任し、本人訴訟で勝訴した「医療過誤訴訟」

　当時17歳のMが医療過誤によって死亡した事案において、原告側が弁護士を解任して、本人訴訟で勝訴した「医療過誤訴訟」[8]がある。この裁判では、

提出書類の内容や和解の是非をめぐって，訴訟上の法的戦略の観点から主張や解決案を構成しようとする弁護士と，「被害者の親」としての固有の立場から問題を定義していこうとする当事者との間に離齬が生じ，弁護士解任にまで至るという経過がみられた。その背景には，弁護士と被害者の親との間に，被害者の「語り」という日常的言説の認識の相違があり，弁護士を解任し，本人訴訟という形式がとられた。素人という不利な立場にもかかわらず，裁判官の心証形成に被害者の親としての「語り」が影響を及ぼし，裁判官に「要保護的法主体」像を形成させ，勝訴に導いた事例である。

（1）事案の概要

　事案は，当時17歳のMが，自動二輪車で帰宅途中，不法駐車中の貨物自動車に接触して転倒，顔面・腹部をはじめ全身を強打した。Mは翌日吐血し，母親であるXは「内臓が破裂しているのではないか」と問うたが，主治医（2名）の返答は「鼻血を飲み込んだものだ」「打撲だから大丈夫」ということであった。また同日，腹部X線検査，CTスキャン検査を実施したが，十二指腸後腹膜破裂をうかがわせる気腫像がみられるのに，主治医らは結果的にこれを看過している。以後，十二指腸後腹膜破裂を疑うことなく，治療は打撲としての処置にとどまり，食事を取るよう指導している。しかしその後，体温の上昇，白血球の急増，腹部痛の訴えが続いたため，X線写真を撮影。そこには穿孔性腹膜炎による異常ガス像がみられたが，主治医はこれも異常ガス像とは考えず，それまで通りの鎮痛消炎剤を投与するにとどまった。それでも容態が好転しないため，主治医の一人は腸管損傷を疑い，胃・十二指腸の造影検査を行う。このとき十二指腸からの造影剤漏れが確認され，十二指腸破裂が初めて医師によって確認された。ただちに絶食絶水を指示し，開腹手術が行われたが手遅れであった。主治医は緊急再手術が必要であると申し出たが，既に不信感を募らせていた両親は別の病院へMを転院させたが，死亡した。

（2）判　　旨

　本判決は，①Mの受傷内容，担当医師としては，腹部打撲の可能性のある患者に対しては十二指腸後腹膜破裂を含めた腹部臓器損傷の有無に十分注意し，腹部X線検査やCTスキャン検査を実施して十二指腸後腹膜破裂による気腫像

等が認められないかを確認し，十二指腸造影を行って確定診断し早期に緊急手術を実施する義務があるところ，本件では，X線写真・CT画像に後腹膜破裂を示す気腫像が描出されていたのにこれに気付かず，その疑いを前提とした検索を行わなかった過失があるとし，この診断過誤とMの死亡との間に因果関係があると認め病院側の責任を肯定した。

（3）法的言説と日常的言説との関係論

　原告側弁護士は，専門的言説を中心に交わされる攻撃防御を経て，早期に和解へ持ち込み，有利な賠償額を獲得していくという方針があり，かつそれが原告本人にとって最善の処理であるとする判断をしている[9]。原告側弁護士は，「やはり，紛争は早期に解決された方が客観的な利益に合致するだろうと考えてるんですね。早期に解決して，しかもその中身として，民事裁判というのは勝ち取れるものというのは金銭賠償しかないわけですから，できるだけ原告の負担を，いろんな意味で，精神的にも物質的にも，少しの負担の上で，短い時期に最大限の賠償額を勝ち取ることが客観的な利益だろうと」[10]と主張した。

　このように，原告側は最大限の金銭賠償を勝ち取り，和解による確定的獲得を最重要とする考えが当初，法廷を支配していた。その金銭賠償の和解という専門的な法的言説が，専門家としての弁護士に事件処理へのプロ的見通しをもたらした。これら法的言説やそれと連動する医学的言説は，当事者の個別具体的な体験を捨象し，脱文脈化することで構成されていたのである。

　つまり，依頼者を弁護士解任へと導いた本件事案の背景には，息子が亡くなった真実を知りたいという依頼者側の思いがあったのである。その思いを察することなく弁護士は，金銭賠償という和解を導くために，弁護士が自ら依頼者の目的実現の忠実な道具となり，法の操作的な目的を依頼者に押し付けたのである。法律家の視点を無意識のうちに固定化していくことへの抵抗感が，依頼者の根底には存するのである。

　弁護士が教導しつつ先行する言説構成の形式，内容は，それ自体「専門性対日常性（専門家対素人）」という図式を前提に，「専門家による弱者の救済」という「善意に満ちた」，しかし実は「権力的」な物語を喚起している。また，一般的に「法による秩序の形成」という物語をもそこに内在させている。その

ため，通常それに違和感を抱きつつも多くの当事者は異議申立てすることなく，その個々の体験に根ざす「声」は抑圧されていき，法の進行過程において，被害者の声を専門的言説が打ち消してしまう可能性が生じてしまう[11]。

　弁護士が「短い時期に最大限の賠償額を勝ち取ることが客観的な利益だろう」という視点に立っていることは，微細な権力の行使であり，専門職のコミュニケーション定義を貫徹させ，弁護士と依頼者という特殊な関係をつくり上げているのである[12]。

　弁護士 ― 依頼者関係の本質的な専門性のギャップからくる権力性と「法の問題は法で解決するのが正しい」という法イデオロギーという法的言説の相関的な作用の中で，依頼者の生きる世界から法の意味付けを語らせない，あるいは語っても聞かないという抑圧が表れているのである[13]。

　しかし，依頼者の語る物語には，生活に根を下ろした力強さがある。依頼者は，弁護士から合理的な案が示されたとしても，気持ちがついていけるかどうかは生活の論理（日常的言説）であって，納得ができないものは受け入れられないというその最後の線で権力をもつのである[14]。法がいかに自律的なものになっても，最後には，それは人々の現に生きている世界の中で妥当しなければならないというそのことのゆえに，その生活の論理と折り合いをつけることが必要となるのである[15]。

　つまり法的言説よりは，日常的言説のほうが裁判官の心証に影響を与えているのである。

　例えば，徘徊による行方不明死亡事故の介護事故裁判事例において，敗訴した施設側の法的言説として，「被告は，法令等に定められた限られた適正な人員の中でデイサービスＥ型事業を実施するものであり，亡Ｅの上記失踪経過に照らしても，亡Ｅが被告施設から失踪したことに過失はない」（静岡地方裁判所浜松支部，平成13年 9 月25日）[16]という主張がみられる。このことは，国が定めた法定等の基準を満たした人員で，サービスを提供しているから問題はないという施設側の法的言説が読み取れる。しかし判決では，このような法的言説を直接の争点とはせず，当該利用者の「多人数でいる場合には，緊張して，冷や汗をかいたり，ほとんどしゃべれなくなったり，何もできなくなったりし，ま

た，不安定になり，帰宅したがったり，廊下をうろうろすることがある」とい
う日常的な行動様式を争点とした。このことは法的言説より，日常的言説が裁
判官の心証に影響を与え，「要保護的法主体」像を構築した。つまり，日常的
な行動様式を争点として施設側に徘徊の予見可能性を認定し，「要保護的法主
体」を構成したのである。

　さらに，誤嚥事故による介護事故裁判事例で敗訴した施設側の主張にみられ
る法的言説には，「朝食直後の意識喪失について，咳やうめき声がない，Aの
様子を見たときに口の中に食物がなかったこと，自分が経験した他の窒息者の
場合とAの様子が異なることなどを理由として，Aの死因は窒息ではない」
（横浜地方裁判所川崎支部，平成12年2月23日）[17]，という医学上の「窒息の有無」
を争点として，専門的な医療言説を内包させていた。判決では，施設側の日常
的業務において，緊急時には，まず家人に連絡をして，その指示を受けること
になっている点を争点として取り上げ，一刻を争い，生命にかかわるような場
合にまで，家人への連絡を優先させるとの意味であるならば，家人への連絡に
手間取るなどして，適切な処置を取ることが不可能となってしまうことも考え
られるのであり，そのような硬直した体制を取っていたこと自体に問題がある
とした。このことは医療言説という専門的言説ではなく，「緊急時に家人に連
絡するより，生命を保持する適切な処置をすべき」という日常的言説が「要保
護的法主体」像を構築したのである。

（4）法的言説から日常的語りへ変容

　本件医療過誤の被害者の両親は，何通かの陳述書の提出を弁護士から拒否さ
れ，また和解の方針をめぐって意見が食い違ったことを受けて，弁護士を解任
し，本人訴訟の道を選ぶ。以後，その準備書面には法的言説を意識しながら
も，日常的言説が横溢していくことになる。

　法的言説のレベルでは，訴訟の目的は損害賠償請求権に基づく賠償の支払い
である。しかし，原告側弁護士の語りに表れた「弁護士から見た原告にとって
の最善の解決」，すなわち「早期に最大限の賠償額を獲得すること」と，原告
本人が考える訴訟の目的および「最善の解決」と差異が生じている。原告にと
っての訴えの目的は，例えば次のような言葉として語られている[18]。

①「私共が訴えたのはよくよくの事だと理解してください。この裁判を通じ
　て，第二，第三の犠牲者を二度と出さないため安易な妥協をせず，徹底的
　に本件過誤を追及してもらうつもりでいますし，それが世のため人のため
　になればと思っています」（陳述書その四）

②「助けてもらえると信じていましたのに，若い命を医療過誤によって救命
　してもらえることができず，さぞ本人は無念だったと思うんです。なぜあ
　の子は死ななければならなかったのか，私は真実が知りたくて提訴してお
　りますが……」（丁主治医への証人尋問）

　この「なぜあの子は死ななければならなかったのか，私は真実が知りたくて
提訴しております」というわが子がなぜ死んだのか，死んでもやむを得ない理
由が何であったのか，という問いが遺族の中に動き出しているのである[19]。

　こうした「語り」は，さまざまな事件の被害者にある意味で共通するパター
ンを示しているといえるかもしれない。これらの語りを読み，聞くとき，さま
ざまな解釈を行うことができる。これらの語りが結び付くには，ベクトルの異
なるさまざまなものがあり得るからである。例えば，われわれはそこに，「親
子」をめぐる物語に基づいて，かけがえのない子どもを理不尽な形で亡くした
親の悲痛な「声」を聞き取ることができるかもしれない。ここでは訴えの目的
をめぐる複数の解釈可能性が明示的，黙示的に提起されている。

　法は抽象的な命題の背後に，具体的な出来事をつないだパラダイム事例をそ
の語りとしてもっているのである[20]。

　当事者がまず，事実を主張し，証人がそれを裏付け，そして裁判官がそれを
聞いて心証を形成するその一連の事実認定過程において，各関与者の，それぞ
れ断片的な出来事を一定のプロットの下に配置し，それを意味ある事実として
構成していくその営みが，そこで遺族の生の声という消去されない状態で，認
定される事実に付着する形で法の中に入ってくることは，法を一般に考えられ
るよりもはるかに人間くさいものにするのである[21]。

　法がこのように物語を通じて，各当事者の断片的な出来事を自分の経験とし
て語るとき，人間くさい道徳的な評価が織り込まれ，生活空間を貫通している
規範と接触することになる。「なぜあの子は死ななければならなかったのか」，

この遺族による息子の「死」までの語りそのものが，当事者を交渉しつつ将来志向的に問題の解決を図っていく可能性を裁判の中に取り戻し，裁判官を交えて事後的に確認していくのである[22]。この現時点での事実の事後的な確認作業が当該問題の解決という展望的な関心を反映するのである。

　原告当事者は次のような経過を明らかにしている[23]。

①「一晩中，いわゆる急性腹症という，本当に海老の状態で苦しんだんですけれども，4時頃に私は三回ほど　ナースステーションにコールしたんですけれども，出てこられた先生は一人だけ，脳外科のCTを見てくださった先生がただ診に来ただけです」（K医師証人尋問での原告）

②「吐血をしたので医師には内臓破裂と違いますかと何度も尋ねましたが，心配せんでいいですよ，打撲やから，と言われ内心安堵もしました。被告側書面では，随所に痛みを訴えなかったとありますが，これは嘘です。診断書やカルテ，看護師の記録にも毎日圧痛がある旨，記録されており，Mも終始痛みを訴えて……」（原告陳述書その一）

　このような原告の体験に基づく語りは，過失判断を争う語りのフィールドが，極めて専門的な医学用語と知識の地点から，日常的な現場の情景へと力点を変えているようにみえる。医療過誤事件において双方の弁護士によって粛々と進められていた専門知を鍵とする応酬は，本人訴訟への移行を契機に，体験に基づく日常感覚的で個別的な語りに強く浸潤されていっている。

　裁判官は必ずしも法と事実から結論を三段論法的に推論していくだけではなく，事実が結論に合うような形で語られ得ることが，裁判の正当性の形式を維持しつつ，現実妥当性を確保していくことを可能ならしめるのである[24]。

　語りにおいて，依頼者は法について直接に語るのではなく，あくまでも紛争について語っているのであり，弁護士も紛争の実態を構成する人そのものに向き合い，法の自律性に内包される法と人との関係だけではなく，紛争の実態を日常的な実践に帰結していくのである[25]。

　弁護士，依頼者，裁判官の関係が，法の要件というスリットを通じてしか関わらなかったものから，人と人との関係論の視点に根を下ろすことによって「法をいかに語り，聞くか」というメタレベルの関係へとコミュニケーション

定義が変容しているのである。

　腹部痛の訴えが自制の範囲内であり穿孔性腹膜炎を示すものではなく，また吐血についても消化管からのものでないとする被告側の専門的言説を駆使した主張も，「海老のように身体を曲げ苦しみながら腹痛を訴え吐血した」という原告の体験の語りの前で，縮減されている。ただ，専門用語を駆使して語られる言説も，医学という領域，そして訴訟という場にあって必ずしも信頼できるとはいえず，むしろ「親の子を見るまなざし」という体験の語りがもつ説得性が浮かび上がってくるのである[26]。

　法ははじめに要件に当てはまる事実が認定され，それに対して一定の法的効果が付与されるが，物語的に事実認定を考えると，「腹痛を訴え吐血した」という事実を「海老のように身体を曲げ苦しみながら腹痛を訴え吐血した」，というように，語りにより意味付けがより明らかになり，すなわち，どの事実をどのように強調して話すかによって事実認定の印象が大きく変化するのである。物語の組み立て方によって裁判官の裁量に影響を与えるのである。単に客観的な真実のみを法廷で再現し，事実を認識し，それに基づいて普遍的な法則命題を確立することを科学的な営みとしてきた事実認定作業が変容しているのである。

　被告側弁護士の言説では次のように主張された。すなわち，「本件の問題の所在や裁判所の和解勧告の趣旨，被告の対応の真意を十分に理解されていた原告代理人を解任した後の原告らの訴訟活動は，次々と大量の文書を提出したが，核心に触れるものは少なく，いたずらに混乱させるだけであった。そこでは主張と立証の区別も定かでないし，立証の必要さえ理解されていなかったのは残念である」（被告第六準備書面）。

　ここでは，現行の訴訟構造や法専門家の活動形態が当然の前提とされ，その視線から，そうした知識のない原告の語りの意義が一方的に否定されている。法専門家にとって「核心に触れない」と意味付けられた問題こそ，当事者にしてみれば「核心」そのものだったのである。弁護士解任は，原告側の訴訟にかける想いの真摯さを示す傍証としての意味をもつ可能性もある。なぜなら，単に無謀というわけでなく，戦略にたけた弁護士を解任しリスクを冒してまで訴

えたい何かがあることをその行動は示しているからである[27]。

　法律は，世俗的出来事の細部を通じて化体・明細化していくとともに，その法律の下にあるとされる事件もまた，われわれの世界の出来事としての地位を精緻化し，そして，明細化され精緻化される過程を同時に語るのである[28]。

　被告側は当初，医療技術上の専門的言説に依拠しつつ法的争点をめぐって争うという形を取っていた。専門的言説では，専門家による専門的スキルを適用した解釈を実践し，難解な法律用語が散りばめられた契約文書の中から種々の法的リスクやアドバンテージを読み取る。その専門家が長年の勉強と研鑽によって培ってきた専門家としてのフレイムによって「現実」を，非専門家とは異なった形で読み取るのである。

　しかし，弁護士解任を経て本人訴訟に移行し，原告側から体験に根ざしたさまざまな日常的言説が呈示されるのに対応して，被告側も従来の形に加え，原告の日常的語りへの批判的応答を行うようになっていった。具体的には，法的専門知識に欠ける素人の語りへの優越的な位置からの抑圧的批判に加え，金銭賠償の獲得を志向して勝手な論理により節度なく相手を攻撃し責任を追及することが一般的になっている。

　被告側が従来の法的言説に加え，原告の日常的語りへの批判的応答を行うようになっていったことは，原告という他者の語りを被告自身の語りの中に，要素として包含していることを意味しているのである。本件が法的言説から日常的語りへ変容してきたのは，利害の対立や価値の対立のように，単純な「語り」対「語り」の対立構図だけではなく，相手方の語りは，自身の語りを構成する一つの要素として自己の語りの中に取り込まれているからである。そして，その取り込んだ相手方の語りの中には，また自身の語りが固有の解釈の仕方で取り込まれている。そこには，相互に相手の，あるいは別の関与他者の語りを，解釈を通じて包含した，複雑な語りの錯綜がみられるのである。

（5）個別体験に根ざす日常的な言説と「要保護的法主体」

　語りは，他者の語りを関係性という要素として含みつつ構成されるという構造をもつ。語りは，話し手が自由にストーリーをつくり上げることのできるいわゆる文学の領域に属するものと考えられてきたのに対して，現代の語りは，

歴史的な記述や社会科学，精神分析的な現場など，広汎な人間的な営みという関係性の中で，物語を発見していくものである[29]。

　紛争とは，相互の語りの不安定化した状況であり，包含された他者（相手方）のそれとの乖離が存在している状況である。そして，不安定化した語りを安定化させていこうとする営みが紛争行動であり，紛争解決行動である。その紛争解決行動の一つとして裁判官の心証形成において，「要保護的法主体」という新たな主体像が構築されているのである。

　本件の被告側弁護士の語りは，直接の法的争点とは関わりがないものにより，法の専門家によってこそ適正に勧められる訴訟を撹乱し，身勝手な素人論理によって過大な責任追及，賠償請求を行う原告というイメージを構成することで，一方で「公正な法専門性」「専門家による公正な訴訟運用」を喚起し続けているのである。こうした原告のさまざまな言説は，まさに節度がなく計算高い当事者の一方的な語りであるとされている[30]。

　しかしながら，そうした可能性を排し，原告の語りをより説得性のあるものとして解釈させるのは，やはり原告の体験そのものに根ざした語りの「迫力」そのものである。それは，「不慮の死による苦悩」の物語や，その背景にある「親と子」の物語を聞き手に喚起させるような迫力をもった「位置付けられた語り」にほかならない。

①「虫が知らせていたのかMは被告病院に入院中，幾度となく，お母さん，こんな病院あかんで。阪大かどっかへ代えて，と訴えていました。かわいそうなのは死亡寸前まで意識がはっきりしていたことです。（転院した）病院では，既に手遅れの状態でなすすべはなく，死亡寸前，Mは指で×印のサインを出し，もうあかん，と最後を知らせました」（原告陳述書その一）

②「あの子は最後，水も飲むことができず，かわいそうな子でした。全部最後MRSAにかかってましたから。意識は最後までありました。お母さん，ここ水入れて，のどゆすぐからと水をいれてやり，のどをゆすいで全部先生の言われたとおりにぴいっと出して，数時間後にこう手でペケのサインをして死んでいったんです。意識はちゃんとあったんですよ。その苦痛というのは考えられますか」（K医師証人尋問における原告）

③「うそで逃れようとも真実が分かろうとも，もう子供は帰ってくることは
　ないのです。子供を亡くした親の気持ちは，つらくて苦しくて，どうしよ
　うもありません。ただ唯一の親の慰めは，誠意をもって真実を表してくだ
　さることじゃないですか」(丁医師証人尋問における原告)

　これらの語りは，個人的な体験の語りでありながら，普遍的な「理解」をも
たらすのである。当初の弁護士の訴状における「甲病院にて死亡した」という
簡単な記述，それに続く「Mの損害」という数式に支配された無機的な記述，
そうした淡々とした脱文脈的な記述からは得られない「理解」を聞き手はこの
語りの中に読み取るのである。これらの語りによって喚起される「不慮の死を
めぐる苦悩」と「親と子」の物語は，原告のすべての語りが収束する「扇の
要」のような位置にある。この物語を共有することによって，聞き手は原告に
よる「訴えの目的」「医師の対応」「弁護士解任」等の語りに整合性と，決して
節度を欠くのでも理不尽でも貪欲でもない，真摯な想いを読み取ることになる
のである。

　また，これらの語りが証人尋問や本人尋問において両親のうち，母親によっ
て遂行されたことがさらに喚起される，「母と子」という位相を付け加え親子
関係を強化している。その語りは，まさに母親という「位置」ないし「形式」
において，より強い喚起力を獲得しているのである。

　しかしまた同時に，扇の要が，個々の扇の骨組みなしには存在し得ないよう
に，この中心的な説得性は個々の部分的語りに依存していることも看過しては
ならない。すなわち，この「母と子」「不慮の死をめぐる苦悩」といった中核
的な説得性は，逆に「腹痛の訴え」の語りなどによって補強されているのであ
る。すなわち，この中核的語りと個々の語りは，相互に部分が全体を，全体が
部分を構成し規定しているような再帰的性格をもっているのである[31]。過去の
裁判例，立法，法的議論の総体を有機的な統一体として把握し，今ある事件を
統合させるという，部分を総合して得られる全体の枠組みと，その全体を文脈
として意味付けられる部分との循環的な関係を物語から読み取ることができる
のである[32]。

　法的言説の支配する法廷が，このような日常的言説の喚起力を柔軟に取り込

むことによって，一つ一つの事件の読み方が変わってくる可能性は，ここから
も明らかである。法的言説が日常的言説に優越するという前提の下では，さま
ざまな形でこうした日常的言説の喚起力の抑圧が生じてしまう。例えば，被告
側が試みた「賠償金目当ての計算高い医療裁判の当事者」像は，実は医療過誤
をめぐる問題を「金銭賠償」の枠組みでしか扱えない（扱わない）法制度と法
専門家側が，そもそもそれを訴訟利用者に押し付けていることから生じてくる
ものである。前述のように原告側弁護士の「民事裁判というのは勝ち取れるも
のというのは金銭賠償しかないわけですから，少しの負担の上で，短い時期に
最大限の賠償額を勝ち取ることが客観的な利益」という言葉が，まさにすべて
を象徴している。

　原告側にしてみれば，本来の目的が何であれ，この種の訴訟は金銭賠償請求
として構成せざるを得ないのである。別の問題を取り上げようと試みれば，
「核心に触れない」あるいは「訴訟になじまない」ものとして一方的に切り捨
てられてしまうし，法専門システムの枠組みにしたがって金銭賠償訴訟として
組み立てれば，賠償金目当てというレッテルを貼られるというジレンマがここ
にはある。こうした損害賠償請求訴訟の原告に対するよくある批判は，まさに
法専門性がもつ傲慢さと自己撞着を一面で表している。また，同時にそれは，
脱文脈化されているはずの法専門家による法的言説も，常に一定の日常的言説
を喚起し活用していることの一例でもある[33]。

　本件原告は次のように述べている。

　「親の気持ちといたしましては，子供に先立たれて，しかも救命の可能性が
あり，ほかの病院では助かっていた事案ですので，これは経験したものでない
と理解できません，してもらえないと思います。また子どもの命をお金に算定
するということは心苦しいことですし，Mがほんとに可能性を秘めた17歳の
若さでいったということと，ミスによって死に至るまでのMの悔しさ，そうい
うものを思いますと地球より重い人の命といわれますが，ほんとにこれは値で
勘定できるものではないと思っております」（原告本人尋問・母）

　「私共は判決を希望していますし，その理由は，最初にも陳述しているとお
り，私共から事実経過を説明する場を保証してほしいし，過誤原因の究明とそ

れに基づく謝罪であって，表面的な金銭的賠償だけでは済ませたくないからです」（原告陳述書その四）

　このような提出書面，本人尋問，当事者の語りの中の個別体験に根ざす日常的な言説が「要保護的法主体」を構成させ，日常的語りと法的言説の間に架橋を行い，裁判官の心証形成に，感情や困惑，利害など，無数の要素が渾然一体となり，矛盾さえはらむ形で現実を構成し，「要保護的法主体」像という新たな法主体像を構築しているものといえよう。

〈注〉
1）大屋雄裕『法解釈の言語哲学　クリプキから根元的規約主義へ』勁草書房（2006年）3頁
2）米盛裕二『アブダクション　仮説と発見の論理』勁草書房（2007年）119頁
3）大屋雄裕・前掲書1）3頁　大屋は，三段論法と法的三段論法は，以下のような対応関係があるとする。
　　　〈三段論法〉　　大前提　人間は死ぬ運命である。
　　　　　　　　　　小前提　ソクラテスは人間である。
　　　　　　　　　　結　論　ゆえに，ソクラテスは死ぬ運命にある。
　　　〈法的三段論法〉法　文　人を殺した者は，死刑に処する。
　　　　　　　　　　事　実　被告Aは人を殺した。
　　　　　　　　　　判　決　ゆえに，被告Aを死刑に処する。
4）大屋雄裕・前掲書1）3頁
5）大屋雄裕・前掲書1）4頁
　　亀本洋「法解釈の理論」大橋智之輔・三島淑臣・田中成明編『法哲学概要』青林書院（1990年）225頁　亀本は「法の解釈とは，法規範の意味内容を解明する作業である」とする。
6）和田仁孝「法廷における法言説と日常的言説の交錯─医療過誤をめぐる言説の構造とアレゴリー─」棚瀬孝雄編著『法の言説分析』ミネルヴァ書房（2001年）43頁
7）和田仁孝・前掲書6）43頁
8）『判例時報　1620号』104-111頁
9）和田仁孝・前掲書6）56頁
10）1997年6月13日関西地区放映　毎日放送「映像90本人訴訟」
11）和田仁孝・前掲書6）58頁
12）西坂仰「エスノメソドロジストは，どういうわけで会話分析を行うようになったのか」好井裕明編『エスノメソドロジーの現実』世界思想社（1992年）23頁　社会の秩序は，あらかじめ確固とした構造として存在し，人の行為を規律するというよりも，人々が日常的に出来事を説明し，しぐさ，身振りを相手に向かって行い，また，それを相手に理解され，支持されるといった人々が行う日常的な相互作用のその一つ一つにおいて協同的に達成される観点を取る。そこから，この協同的な秩序の形成において働く微細な権力作用も観察可能となるのである。
13）棚瀬孝雄「語りとしての法援用」『民商法雑誌　111巻6号』（1995年）887頁
14）宮川光治「あすの弁護士─その理念・人口・養成のシステム─」宮川光治『変革の弁護士（上）』有斐閣（1992年）5頁　本件では弁護士解任という形で，最後の線で権力をもつのであ

る。可視化されて状況的権力として顔を出すところで，対等化，すなわち依頼者がその法援用
に対して有意味な統制の可能性を回復する展望を得ようとするのである。

15）棚瀬孝雄『現代の不法行為法—法の理念と生活世界—』有斐閣（1994年）295頁
16）菊池馨実「介護事故の裁判例を追う　老人介護施設での二つの新事実　行方不明と骨折にか
　　かわる損害賠償請求」『賃金と社会保障　1351・1352号』旬報社（2003年）104-107頁　112-
　　116頁
17）『賃金と社会保障　1284号』旬報社　43-47頁
18）和田仁孝・前掲書6）59頁
19）棚瀬孝雄・前掲書13）869頁
20）松浦好治「法的推論　模範例による法思考」長尾竜一・田中成明『現代法哲学　第1巻』東
　　京大学出版会（1983年）167頁　法のパラダイム事例と今，目の前にあるケースとが同じ規範
　　的処理を受けるだけの同一性をもっているかどうかは，一般に対象相互の類似性あるいは差異
　　を認識する際の判断形式である隠喩（メタファー）に依拠しているとされる。
21）棚瀬孝雄・前掲書13）868頁　物語として自分の経験した出来事を語るとき，そこには道徳
　　的な評価が織り込まれてくるのであって，法は直接にその人々の生活空間を貫通している規範
　　と接触することになるのである。
22）井上治典「ある不動産取引の分析」『民事手続論』有斐閣（1993年）141-169頁
23）和田仁孝・前掲書6）61-62頁
24）穂積忠夫「法律行為の解釈の構造と機能」『法学協会雑誌　77巻6号』613-616頁
25）廣田尚久『紛争解決学』信山社（1993年）166頁　210頁
26）和田仁孝・前掲書6）62頁
27）和田仁孝・前掲書6）64頁
28）樫村志郎「法律的探究の社会組織」好井裕明編『エスノメソドロジーの現実』世界思想社
　　（1992年）96頁　出来事の記述と規範的な評価とは日常的な語りの中では不可分なものとして
　　同時に存在しているのである。
29）棚瀬孝雄・前掲書13）866頁
30）和田仁孝・前掲書6）66頁
31）和田仁孝・前掲書6）68頁
32）石前禎幸「物語としての法」『思想　777号』（1989年）64-87頁
33）和田仁孝・前掲書6）69頁

第8節　苦情とリスクマネジメント
—責任無能力者の監督義務者の責任と介護事故裁判例を踏まえて—

1　はじめに

「サッカーボール事件」と呼ばれる責任無能力者である未成年者が起こした
事件において，親権者の監督責任を否定した最高裁判例（最判平成27年4月9
日『判例時報2261号』145）がある。学校の校庭から転がり出たサッカーボール

をよけようとして転倒し，約1年半後に死亡した80歳代の男性の遺族が，ボールを蹴った小学生（当時11歳）の両親に損害賠償を求めた裁判で，最高裁は遺族側の請求を棄却した。1審と2審では，子どもの「監督義務」を怠っていたとして，両親に1,000万円以上の賠償を命じる判決が出ていた。民法第714条1項但書による免責がほとんど認められないと考えられてきた法定監督義務者の責任において，両親の監督義務違反を初めて否定して，免責を認めたという点では注目すべき判決である。つまり，民法第714条の法定監督義務者の親権者のように包括的な監督をなす者についての責任は，実質的には無過失責任に近いものであり，注意義務を尽くしたという理由では容易に阻却されないという理解が一般的であったからである[1]。その点で，本判決は，監督義務を怠らなかったという理由で，民法第714条1項の監督義務者の責任を否定した初の最高裁判決として，注目された。

　判決では，①満11歳の小学生（以下Aとする）が本件ゴールに向けてサッカーボールを蹴ったことは，ボールが本件道路に転がり出る可能性があり，本件道路を通行する第三者の関係では危険性を有する行為であった。②Aの行為は，本件ゴールの後方に本件道路があることを考慮に入れても，児童らのために開放されていた本件校庭の日常的な使用方法として通常の行為である，とAの行為を指摘している。本件訴訟で注目すべき点は，学校側（小学校を設置した町）の責任として追及したのではなく，小学生の両親（以下Yらとする）の責任のみを追及した点である。

　本件事故の状況に照らせば，問題の本質は，小学生であるAが校庭に設置されたゴールに向かってフリーキックをしたことよりも，小学校側が校庭に道路を背にしたゴールを設置し，背後のフェンス等も十分ではない状況で，校庭を開放していたことにある。前述の①の危険性も小学校が管理すべきものであるし，Aの行為が社会的に許容された行為であるという②も，むしろ問題は校庭を開放した小学校側にあることを示唆している。遺族としては，小学校側の責任として，国家賠償法第1条で教員等の過失と，同法第2条で校庭の施設についての営造物責任を町側の問題とし，町を相手に損害賠償の責任を追及すれば金銭賠償は容易であると思われる。

小学校を設置した町も被告とし，仮に小学生の両親であるＹらの責任が肯定された場合にも町の責任は肯定され，損害賠償額は，Ｙらと町の請求額の合計により，金額としては十分であり，より大きかったものと考えられる。

金銭賠償の目的であれば，小学校側である町を相手に訴訟を提起すればよく，なぜ小学生の両親のみを原告とし，金銭賠償請求の認容が容易な小学校側である町を相手に訴訟を提起しなかったのかが問題となっている。この点について遺族側が「本気で賠償責任を取るつもりだったかと問い掛けたい気持ちになる」と指摘している見解[2]があるが，この理由について明確に言及した文献はなく，訴訟過程の当事者のコメントを分析して原因究明を探求し，「JR東海認知症徘徊死亡事故訴訟」の上告理由と「介護事故の苦情の要因」を参照して，苦情とリスクマネジメントについて考察することとする。

2 サッカーボール事件の小学生の父親のコメントの考察

「サッカーボール事件」において，「本気で賠償責任を取るつもりだったかと問い掛けたい気持ちになる」という疑問点について，最高裁判決後に弁護士が代読した記者会見での小学生の父親のコメントがある[3]。

「息子は当日の放課後，学校のグラウンドで，友人とフリーキックの練習をしていたに過ぎません。もともとあったゴールにむかってボールをける，法律のことはよくわかりませんが，このことが法的に責められるくらい悪いことなのかという疑問がずっと拭えませんでした」（父親のコメント）

この「友人とフリーキックの練習をしていたに過ぎません」「もともとあったゴールにむかってボールをける，（中略）このことが法的に責められるくらい悪いことなのか」「疑問がずっと拭えません」という父親のコメントには，遺族に対する謝罪や反省が一切感じられない点である。遺族側としては，当初は少なくとも加害者側からの謝罪を得られるというある程度の期待値があったにもかかわらず，この不誠実な対応が，遺族として不信感，不満感が生じ，そして失望，怒りと変容し，加害家族へ訴訟を提起したのではないかと考えられる。

3　JR東海認知症徘徊死亡事故訴訟と上告理由[4)]

　本事案においてJR東海は，認知症の男性（当時91歳）が駅校内の線路に立ち入り，列車に衝突して死亡した鉄道事故について，同居していた男性の妻（当時85歳，要介護1）と，男性の長男に対して，①「責任無能力者を監督する法定の義務」を負っていること，②その義務に違反したとして，民法第714条に基づく損害賠償を提起したものである。名古屋高等裁判所では妻に360万円認容，名古屋地方裁判所では妻と長男に720万円認容したが，最高裁は，民法第714条に基づくJR東海の損害賠償請求を否定した。最高裁は，精神上の障害による責任無能力者について，「平成19年当時において，保護者や成年後見人であることだけでは，直ちに法定の監督義務者に該当するということはできない」という判断をした。また，精神上の障害による責任無能力者について法定の監督義務者に該当しない者であっても，その監督義務を引き受けたとみるべき特段の事情が認められる場合には，「法定の監督義務者に準ずべき者」として，民法第714条1項が類推適用されるという判断を示した。

　ここで「サッカーボール事件」の不誠実な対応との関係で本判決の注目すべき点としては，被告の長男のコメントである。朝日新聞2016年3月22日の記事によると，被告の長男は最高裁判決後，次のようなコメントをしている。

　「最初は勝ち目もないと思い，孤独でした」。家族や親戚にも「肩身が狭い」「うわさになる」と反対された。列車の遅れで多くの人に迷惑をかけたことは痛感していた。2審で男性の妻（93歳）に約360万円の賠償を命じられた後，「もうやめようか」と迷った。その状況において，「ひとごととは思えない。応援しています」「在宅介護を続ける人たちのために頑張って」。「手紙やメールが全国から届いた。似たような事故で，鉄道会社に賠償金を支払った人からの励ましもあった」「家族が介護する，日本中の人の思いを背負い，ここでやめられないと思いました」。

　このコメントによると，徘徊をさせた家族は，高裁段階では，列車の遅れで多くの人に迷惑をかけたことを痛感し「もうやめようか」と敗訴を認め，JR側に金銭賠償を支払うつもりでいたのである。しかし，認知症の高齢者で苦し

んでいる全国の家族の支援や熱い応援メッセージにより，加害者は上告したのである。このことはJR東海側からの金銭的賠償責任を逃れるという問題よりは，徘徊で苦しんでいる全国の家族の代表者として，また在宅介護の代表者として上告を決意し，被告の逆転勝訴判決を生んだものと考えられる。損害賠償金額が高裁判決で720万円から360万円に減額されたことを考えれば敗訴を認めることが通常考え得ることであるが，JR東海側が資力の乏しい要介護者の妻に対して損害賠償請求をしたという不誠実な対応にそもそも問題があるのである。

4　不誠実な対応と苦情

　前述の判決において，「サッカーボール事件」では遺族に対する両親の不誠実な対応が訴訟まで発展した理由と考えられる。また，「JR東海認知症徘徊死亡事故訴訟」では，JR東海側が資力の乏しい要介護者の妻に金銭賠償責任を追及した不誠実な対応がある。本来，不誠実な対応があれば，はじめに相手方としては，「苦情」を申し出るはずである。苦情はクレームと混同しがちであるが，「苦情は気持ち，感情の不快感や不信感であり，クレームは納得のいく解決策を要求すること」と規定している[5]。苦情は，本来的には，消費者の不満が企業側または第三者機関に対して不満足という感情を表明し，クレームは納得のいく解決を要求している。

　前述の2つの裁判の結果について共通していえることは，不誠実な対応による苦情という気持ち，感情の不快感，不信感が訴訟を提起する契機となり，裁判の結果に影響を与えている点である。思うに，司法システムの苦情は本来自己が期待する状況と現実の状況の不一致に伴う不快感や不信感であり，その不快感や不信感を満足へと回復させようとする行動の要求が訴訟の提起であると考える。この苦情という情動は人の魂を揺さぶる喚起力が働いているように思われる。サッカーボール事件では，遺族が小学生の両親を訴訟相手に損害賠償責任を追及する，ということは「報復感情」の表出である[6]。

　司法システムは言語化された法規範によって支配され，合理的，意識的に選択し実行し社会秩序が維持させている一方で，苦情は「許せない」「怒り」と

いう感情表現が基底にあり，時には苦情という感情が非合理的に無意識的に司法システムに作用しているのである。この点で損害賠償請求は社会全体の感情表現を代行して実行しているのである[7]。確かに，父親のコメントは，小学生であれば，放課後，学校のグラウンドで，友人とフリーキックの練習をしていたにすぎず，「もともとあったゴールにむかってボールをける，このことが法的に責められるくらい悪いことなのか」というコメント自体は合理的であり，理論的であり妥当である。法秩序を重んじる最高裁判所は最終的には判決で保護者の責任を否定した点で一定の評価をしたものといえる。しかし，サッカーボール事件の上述の父親のコメントのように，一切の謝罪や反省が感じられない言葉や態度，そして「怒り」が「報復感情」となり，町に対してではなく加害家族へ訴訟を提起したのである。謝罪という自己が期待する状況と一切の反省が感じられない現実の状況の不一致に伴う不快感や不信感が苦情となり，この苦情という情動が遺族の魂を揺さぶり加害家族へ訴訟を提起したのである。

5 　苦情と社会福祉法制度

　企業の苦情対応とは，一般的には苦情「処理」であり，要望する段階の苦情もあるため，苦情対応においては苦情の解決までは要求されていないのである。これに対して，社会福祉の苦情においては，法制度上は苦情処理ではなく，苦情「解決」まで要求されているのである[8]。また，苦情の解決のためには，必要な助言や調査まで要求されている[9]。さらに，苦情申立人に対して，迅速かつ適切に対応し，必要な援助まで要求されている点で，通常の苦情対応とは異にする[10]。このように社会福祉の苦情対応において，ここまで苦情解決を要求したのは，介護保険制度の施行により，利用者の権利意識の向上が主な要因であると考えられる。

　「JR東海認知症徘徊死亡事故訴訟」では認知症徘徊の事故責任は家族が責任追及されたが，介護施設の場合には，利用者の徘徊による鉄道事故が発生した場合には，鉄道会社と家族から，施設側に対して見守り義務違反として損害賠償が請求される可能性がある。施設側としては，判断能力や身体能力が衰えた利用者を引き受けた以上，利用者の生命身体を安全に確保する安全配慮義務が

あるため，安全性を確保する設備を設置管理し，職員等に対しても安全性を確保するための人員配置や利用者が徘徊しないための指導・監督が求められる[11]。特に，職員の指導・監督において，利用者・家族からの苦情の内容が介護サービスの事故予防や職員のサービスの向上のための重要な情報源となるため，苦情の内容を詳細に分析・活用することが大切である。

　福祉施設での苦情は，前述のように一般的な苦情とは異なり苦情解決まで要求され，その苦情には特有の要因があるため，項目ごとに考察することとする[12]。

（1）利用者・家族への説明の不足

　① 利用料金やサービス提供時間の変更について説明がなかった。

　② 転倒し骨折したが，事故の状況や対応について詳しい説明がなかった。

　③ 事業者から利用料を変更すると言われ説明を受けたが，よく理解できなかった。

　④ サービス計画の説明がなく，サービスの状況や具体的な内容がわからない。

　⑤ 苦情を言ったが，どのような対応策を検討したのか説明がなかった。

　一般の苦情と異なり，介護事故の苦情において特筆すべき点は，「よく理解できなかった」「具体的な内容がわからない」という点である。利用者が認知症で，家族が高齢のおそれもあるために，施設側としては十分に説明していても，利用者・家族としては説明内容を理解できていない状況が読み取れる。

（2）利用者の状態把握の不足

　① 自立歩行していたが杖歩行となり，要介護区分も変更になったが，サービスの見直しがなく転倒事故が起きた。

　② 短期入所で状態把握が不十分のまま受け入れたため，状態悪化に適切に対応してもらえなかった。

　一般の苦情と異なり，介護事故の苦情において特筆すべき点は，「サービスの見直しがない」「状態把握が不十分」という点である。このことは，介護職員の人員不足による介護職員の質の低下が考えられる。

（3）利用者の要望把握の不足

① 入浴しなくてよいと伝えていたのに入浴させたため状態が悪化した。

② 契約時に訪問介護員を代えないでほしいと要望していたにもかかわらず，違う訪問介護員が来た。

③ 転倒を繰り返していたので動かさないでほしいと頼んでいたが，トイレ誘導をして転倒してしまった。

　一般の苦情と異なり，介護事故の苦情において特筆すべき点は，利用者・家族の判断能力が低下しているため，施設職員と利用者・家族との意思疎通が十分になされていない点である。

（4）情報共有および連携の不足

① 入所前に生活相談員に要望していたことが介護職員に伝わっていなかった。

② 毎回のように訪問介護員が代わるが，引継ぎが十分でないため家族が伝えなければならなかった。

③ 徘徊があることを伝えていたが，職員に周知されていなかったため見守りが十分されず行方不明になった。

　一般の苦情と異なり，介護事故の苦情において特筆すべき点は，「介護職員に伝わっていなかった」「毎回のように訪問介護員が代わる」「職員に周知されていなかった」点から介護職員の短期離職の影響が考えられる。

（5）記録の不備

① 施設で発熱し入院したため経過の説明を求めたが，状態変化や対応状況の記録がなかった。

② 訪問介護の利用料について問い合わせたが，記録が不十分なためにサービスの内容が確認できず，請求内容に納得できなかった。

　一般の苦情と異なり，介護事故の苦情において特筆すべき点は，「記録がない，記録が不十分である」点である。このことは，記録をしないという単純なミスだけではなく，記録ができないほど，介護職員の多忙な状況の表れであるといえる。

（6）事業者からの契約解除

① 訪問介護事業者から突然，契約解除の通知が送られてきたが，代わりの
サービスや次の事業所の紹介をしてもらえなかった。

② 要望が多いなどの理由での契約解除に納得できない。

一般の苦情と異なり，介護事故の苦情において特筆すべき点は，「紹介して
もらえない」「要望が多い」という過剰な利用者からの要望に関して，施設側
で人員不足の中で，多忙を極めているため，要望が多い利用者に関しては，あ
まり関わりたくない，という本音を読み取ることができる。

6 苦情と信頼関係の構築

（1）介護人員の確保の必要性

福祉施設の苦情の大半の原因は，介護職員の人員不足による介護職員の質の
低下があげられる。そのため，介護人員の確保が必要であるが，「①介護関連
の潜在的有資格者と経験のある人の雇用，②元気高齢者の再雇用，③外国人介
護人材の雇用，④資格なくとも意欲ある人を雇用してから資格を取らせる，⑤
介護養成校資格取得者の入職勧誘（新卒採用）」[13]が今後必要である。

（2）施設側と利用者との関係

ここに苦情の要因として共通していえることは，施設側と利用者とのコミュ
ニケーション不足の問題が考えられる。十分に説明しても理解してもらえない
利用者に対しては，どのような対応が考えられるであろうか。言語でのコミュ
ニケーションができない場合には，非言語コミュニケーションの対応が必要で
ある。コミュニケーションは言語のみによって相手方と行われるものではな
く，相手方の表情や視線，態度や姿勢などのリアクションという言葉以上のも
のが感情として語りかけている。そこで，対話において利用者へのリアクショ
ンを見ながら利用者を温かく受け入れ，問題解決の意欲を示すことが大切であ
る。また相互に，表情，視線，態度，姿勢には次のような配慮が求められ
る[14]。

① 表情においては，利用者が前述のように「よく理解できなかった」「具体
的な内容がわからない」のであれば，わからないという表情があるはずで

ある。その表情を感じて優しく語りかける表情が大切である。施設側としては穏やかな微笑みの雰囲気があれば利用者の緊張や不安を緩和させる効果があるため，柔和・温和な表情を表すように心がけ，温かさと心遣い，共感的な態度が読み取れるような表情があれば苦情は軽減するはずである。

② 視線においては，施設側としては相手の視線を合わせて同調することで，真剣に話を聴いているという点では有益であるが，凝視すると威圧感を相手に与え，緊張感を高めるおそれがあるため，時々視線を合わせる配慮が必要である。利用者側の視線にも注視して，本当に理解して納得しているのかの判断材料になる。

③ 態度においては，利用者を温かく受容し，威圧的ではないリラックスした態度で臨むことが重要である。利用者の感情に付き合う真剣な態度，熱心に相手の話に耳を傾ける傾聴的態度，落ち着いた冷静な態度が必要である。しかし，過度の馴れ馴れしい態度を厳に慎み，信頼ある親密な関係を構築することが大切である。

④ 姿勢においては，無意識のうちに表れる態度の一部である。利用者側としては施設にお世話になっているという優劣・上下関係の立場に立たされているため，施設側としては，利用者と目の高さを同じにして，共感的な姿勢で対応することが大切である。

７ 苦情とリスクマネジメント

　前述の2つの裁判例は心の危機の時代の象徴である判決と思われる。苦悩という心の危機からの解放を問いかけている事案である。「JR東海認知症徘徊死亡事故訴訟」では家族の死という苦悩があり，金銭賠償という苦悩がある。「サッカーボール事件」では，遺族にとっては家族の死という苦悩があり，小学生の両親は金銭賠償という苦悩がある。この苦悩の前提として，事故発生時の初期対応においての被害者の「苦情」対応に大きな問題点があり，相手方が迅速かつ誠意をもって対応し，被害者から一定の理解が得られれば訴訟まで発展しない可能性が高いと思われる[15]。

　思うに，初期対応において，大切なことは，こちらの事情を理解するような全身から誠意が伝わるような言語コミュニケーションがあり，すべての仕事に優先して「申し訳ございませんでした」という謝罪の言葉が何よりも大切である。謝罪は，謝ることで損害賠償責任が容易に追及されると思われがちであるが，相手方に心の傷，心の苦悩，心の危機を与えてしまった，不安や不快や失望を与えてしまったという意味での謝罪である。この点，裁判所は「施設長が謝罪の言葉を述べ，原告らには責任を認める趣旨と受け取れる発言をしていたとしても，これは，介護施設を運営する者として，結果として期待された役割を果たせず不幸な事態を招いたことに対する職業上の自責の念から出た言葉と解され，これをもって被告に本件事故につき法的な損害賠償責任があるというわけにはいかない」[16]と述べ，謝罪は職業上の自責の念としての言葉であり，法的な損害賠償責任とは別次元であることを指摘している。

　つまり，事故後に事業者が行った謝罪について，利用者の遺族は，当初は責任を認めていたにもかかわらず，後日法的責任はないという態度に変わったことを不当であると主張したが，裁判所においては，施設長が謝罪の言葉を述べ，責任があるという趣旨と受け取れる発言をしていたとしても，結果として期待された役割を果たせず不幸な事態を招いたことに対する職業上の自責の念から出た言葉と解され，これをもって事業者に法的な損害賠償責任があるというわけにはいかないと判断しているのである。このような謝罪という語りは責任追及の要因になるものではなく，施設側の自責の念とした点で，施設側に一定の配慮を裁判所は示しているのである[17]。

　この謝罪において，相手方に積極的に相手の感情を理解し，相手の心を開かせ，不安や不満を除去し，共感するような語り方であれば，少なくとも和解の道を選び，訴訟まで発展しない可能性がある[18]。

8　謝罪とリスクマネジメント

　この2つの裁判例は，敵対的な責任逃れの言い方にも大きな原因がある。強権的な姿勢は施設側の責任を追及する火種となり，「信頼，助け合いの重視（ソフトコントロール）」[19]が欠如しているのである。良好な関係を構築し，信頼関

係なければ苦情から訴訟に発展するのである。

　事故後の語り方においては，①事故後は被害者に共感的に寄り添う。②温か
く共感的で落ち着いた態度や口調で話す。③事故後の家族の対応に困難が予想
される場合には，複数の施設職員が対応する，という視点をもつことが何より
大切である[20]。

　「サッカーボール事件」「JR東海認知症徘徊死亡事故訴訟」のように，2つ
の裁判例で共通していることは，不誠実な対応が苦情レベルに達し，訴訟まで
発展している点である。司法モデルでは，不適切な言語，不適切な言い方など
による感情の治療代として，「感情の傷付き」を被害の一部と認定して損害賠
償請求を認定している。しかし，法的な言語で金銭賠償という形で保証された
感情の一部の回復がなされても，そこに入りきれない感情の傷付きをすべて穴
埋めすることは金銭賠償ではできないのである。そのため，「サッカーボール
事件」のように金銭賠償責任の追及だけでは説明できない事案が存在するので
ある。

　司法レベルでは，金銭賠償だけでは，怒りの感情が軽減できず，金銭賠償が
支払われても怒りが収まらない感情があることを示している。当事者双方の感
情をすべて対応することは不可能である。訴訟においては，当事者に被害が生
じ，その被害を損害賠償責任として金銭賠償すれば，一定の解決が得られるは
ずである。不満や利害という出発点があり，それが満たされないときに不満と
いう感情が生じ，苦情となり訴訟まで発展すると一般的に考えられる。

　思うに，この2つの訴訟は，あらかじめ存在する欲求や利害から出発するの
ではなく，事故後の初期対応の不誠実さが苦情となり，相手方の不満や怒りを
増幅させているのである。

　被害という事実に焦点を当てて，そこの穴埋めとして訴訟を提起するという
視点も大切であるが，何よりも，被害に対する相手方に対する心構え，共感性
などの相手のことに配慮した自己の対応方法が大切である。苦情の初期対応が
しっかりなされていれば，今後，同種同事件が発生しても訴訟まで発展しない
可能性がある。

　苦情の初期対応において，相手の誠意がない対応方法に許しがたい怒りの感

情が生じ，当初は，要望だったはずが，訴訟という形まで発展する可能性があるのである。謝罪など誠意のある対応があれば，許しがたいという感情が軽減され，苦情は消失し，許してもよいという感情となり，和解へと導くのである。相手からの説明が十分になされていれば，誤解はなくなり，苦情も軽減できるはずである。つまり，被害を取り除くという視点だけでなく，今後に向けて相手方との感情の共有を図ることが，今後のリスクマネジメントにとっては重要であろう。この点で，「JR東海認知症徘徊死亡事故訴訟」で自分だけが鉄道会社から訴えられているというネガティブな発想ではなく，全国で認知症で苦しんでいる家族の代表という考えから訴訟を提起するポジティブな発想があったからこそ，勝訴判決につながったものと考える。一方で，「サッカーボール事件」では自分の息子が蹴ったサッカーボールが結果的に被害を与えてしまったと謝罪の意思が両親にあれば，訴訟まで発展しなかったものと考える。今後は認知症徘徊のための保険やスポーツ保険のことも考えることも必要であるが[21]，何よりも，事故は必ず起こるものであり，事故後の対応に相手方との感情を共有しながら，誠意をもってポジティブに対応することがリスクマネジメントにとって重要であろう[22]。

〈注〉
1）窪田充見「サッカーボール事件―未成年の責任無能力をめぐる問題の検討の素材として―」『論究ジュリスト No.16』有斐閣（2016年）9頁
2）戸出正夫「未成年責任無能力の加害行為による監督義務者の賠償責任―最高裁平成27年4月9日第一小法廷判決を中心として―」ソーシャル・リスクマネジメント学会　関西部会（2016年7月16日）『報告要旨集』（2016年）3頁
3）弁護士ドットコムニュース参照　https://www.bengo4.com/other/1146/1307/n_2942/
4）最高裁ホームページ参照　http://www.courts.go.jp/app/hanrei_jp/detail2?id=85714
5）中森三和子・竹内清之『クレーム対応の実際』日本経済新聞社（2007年）53頁
6）和田仁孝「感情の横溢と法の変容」『法と情動　法社会学60号』有斐閣（2004年）10頁　和田は，酒酔い運転のトラックにより幼児2人の生命が失われた事件では，裁判官が，その命日に分割して賠償を支払うように命じる判決を下しているが，明らかに被害者の感情への応答が試みられている。被害者の「悲嘆」の「報復感情」の要素に主たる焦点を合わせ，これに応えることを試みており，「報復感情」の表出を是とする方向への感情規則の改訂であり，「報復感情」の表出を是としない方向をもっていたのと好対照である，と指摘している。
7）山田昌弘「感情構造と法」『法と情動　法社会学60号』有斐閣（2004年）24頁　公序良俗概念による犯罪の処罰は，まさに，集合感情による「報復」であり，司法システムは，個人に対

しては，被害者，および被害者家族の正当な感情（報復感情）を代行処理する機能をもつ，と指摘している。

8）社会福祉法第82条（社会福祉事業の経営者による苦情の解決）「社会福祉事業の経営者は，常に，その提供する福祉サービスについて，利用者等からの苦情の適切な解決に努めなければならない。」

9）社会福祉法第85条（運営適正化委員会の行う苦情の解決のための相談等）「運営適正化委員会は，福祉サービスに関する苦情について解決の申出があつたときは，その相談に応じ，申出人に必要な助言をし，当該苦情に係る事情を調査するものとする。」

10）「平成18年厚生労働省令第37号」第25条によれば，居宅介護支援事業者（介護予防支援事業者）は，自ら提供した居宅介護支援（介護予防支援），または自らが居宅サービス計画に位置付けた指定居宅サービス等に対する利用者およびその家族からの苦情に迅速かつ適切に対応しなければならない。また，居宅介護（介護予防）サービス計画に位置付けた指定居宅介護（介護予防）サービス等に対する苦情の国民健康保険団体連合会への申立に関して，利用者に対し必要な援助を行わなければならない。

11）最高裁判所の判決では安全配慮義務とは，ある法律関係に基づいて特別に社会的接触に入った当事者において信義則上負う義務として一般的に認められているものと判断している（最高裁判所昭和50年2月25日『最高裁判所民事判例集　2・143号』）。

12）東京都国民健康保険団体連合会『介護サービス向上のために苦情対応から学ぶ』（2014年）6-7頁参照

13）江尻行男「介護をめぐるソーシャル・リスクマネジメント」亀井利明『リスクマネジメントの本質』同文舘出版（2017年）203頁

14）秋山薊二「アートとしての援助技法」太田義弘・秋山薊二編著『ジェネラル・ソーシャルワーク』光生館（2002年）149-151頁　この点，秋山は以下の技法を紹介している。
　A表情:利用者の緊張や不安を緩和するために柔和・温和な表情を表すように心がけ，温かさと心遣い，共感的な態度が読みとれるような表情をもつ必要がある。
　B視線:視線は文化によってその解釈が多少異なるが，「視線を合わせる」ことは真剣さを表すとするのが一般的である。
　C態度:利用者を温かく受容することが必要であることから，身構え，威厳を表すことのないリラックスした態度で臨むことが重要である。
　D姿勢:姿勢は無意識のうちに表れる態度の一部である。優劣・上下関係のない，安心して利用者が接することができるための雰囲気をつくらなければならない。

15）赤堀勝彦「高齢化の進展と福祉サービスにおけるリスクマネジメントの重要性」『神戸学院法学　第39巻第2号』（2009年）201頁　事故発生後の対応の中で初期対応が最も重要で，初期対応を誤れば，かえって利用者の不信感をつのらせ，その後の対応にも重大な困難をきたすおそれがある点を指摘している。

16）東京地方裁判所立川支部平成22年12月8日判決『判例タイムズ　1346号』199頁以下

17）拙稿「介護の責任と注意義務について」ソーシャル・リスクマネジメント学会会報『実践危機管理　第31号』（2016年）77頁

18）上田和勇「心の危機管理とリスク・コーディネーション」亀井利明『リスクマネジメントの本質』同文舘出版（2017年）85頁　助言をベースにするリスク・コンサルティング，傾聴，受容，共感，気付きなどの援助をベースにするカウンセリング，自助をベースとするセルフ・コントロールそして対象者を勇気付け，相手の優れた能力を引き出しながら個人の自己実現をサポートするコーチング，を指摘している。

19）上田和勇「危機突破とレジリエンス」『危険と管理　第46号』日本リスクマネジメント学会

(2015年) 4頁

20) 拙稿「介護の責任と注意義務について」ソーシャル・リスクマネジメント学会会報『実践危機管理 第31号』(2016年) 76頁

21) 川﨑和治「認知症老人の加害行為による監督義務者の賠償責任―最高裁平成28年3月1日第一小法廷判決を中心として―」ソーシャル・リスクマネジメント学会 関西部会 (2016年7月16日)『報告要旨集』(2016年) 1頁

22) 野口裕二「ナラティヴと感情」西田英一・山本顯治『振舞いとしての法』法律文化社 (2016年) 147頁 当事者のネガティブな感情を消失させるのではなく、ポジティブな感情を当事者と専門家が共有することによって事態を打開するというモデルを構築している。

〈参考文献〉

・赤堀勝彦「高齢化の進展と福祉サービスにおけるリスクマネジメントの重要性」『神戸学院法学 第39巻第2号』(2009年)
・秋山薊二「アートとしての援助技法」太田義弘・秋山薊二編著『ジェネラル・ソーシャルワーク』光生館 (2002年)
・上田和勇「心の危機管理とリスク・コーディネーション」亀井利明『リスクマネジメントの本質』同文舘出版 (2017年)
・上田和勇「危機突破とレジリエンス」『危険と管理 第46号』日本リスクマネジメント学会 (2015年)
・江尻行男「介護をめぐるソーシャル・リスクマネジメント」亀井利明『リスクマネジメントの本質』同文舘出版 (2017年)
・窪田充見「サッカーボール事件―未成年の責任無能力をめぐる問題の検討の素材として―」『論究ジュリスト No.16』有斐閣 (2016年)
・中森三和子・竹内清之『クレーム対応の実際』日本経済新聞社 (2007年)
・野口裕二「ナラティヴと感情」西田英一・山本顯治『振舞いとしての法』法律文化社 (2016年)
・山田昌弘「感情構造と法」『法と情動 法社会学60号』有斐閣 (2004年)
・和田仁孝「感情の横溢と法の変容」『法と情動 法社会学60号』有斐閣 (2004年)

介護事故裁判事例とリスクマネジメント

ケース1　介護サービスの清掃義務違反に伴う利用者の転倒・骨折事故

福島地方裁判所白河支部　平成15年6月3日

平成14年（ワ）第17号　損害賠償等請求事件

『判例時報　1838号』116-118頁

1 事案の概要と事実認定

〈事案の概要〉[1]

　本件事案では，介護老人保健施設（定員100名）において，介護サービスの内容として明記されていたポータブルトイレの清掃義務を施設側が怠ったため，当時95歳の要介護度2の女性が自らこれを清掃しようとして，利用者の立ち入りを予定していないトイレ併設の洗い場に赴いた際に，洗い場入り口の仕切り（高さ87ミリメートル，幅95ミリメートルのコンクリート製凸状仕切り）につまずいて転倒し，手術を含む入院68日，通院31日を要する大腿骨頸部骨折のけがをし，要介護度が3になった事故につき，同施設を経営する福祉法人に対し，債務不履行責任または民法第717条に基づき，損害賠償を請求した事案である。

　判旨では，①ポータブルトイレの清掃等を怠ったことと事故との因果関係の存在，つまり，債務不履行責任の存否については，ポータブルトイレの清掃等は被告施設の義務であるとし，これを怠ったことと事故との間には，相当因果関係があるとし，債務不履行責任を認定した。②洗い場の仕切りが民法第717条の「土地の工作物の設置又は保存の瑕疵」に当たるか，不法行為責任の存否については，本件仕切りは下肢の機能が低下した要介護高齢者の出入りに際して転倒等の危険を生じさせる形状のもので，「土地の工作物の設置又は保存の

瑕疵」に該当するとして，不法行為責任を認定した。③入所者がポータブルトイレの清掃等を施設職員に頼まなかったことによる過失相殺の有無について，ポータブルトイレの清掃に関するマニュアルの定めが遵守されていない現状では，入所者がその清掃を頼んだとしても施設職員が直ちに快くこれに応じてくれて処理したかは不明であるとして過失相殺を否定した。④14級までの後遺障害等級に該当しない右下肢筋力の低下が後遺障害として認められるかの賠償については，14級までの後遺障害等級に該当せずとも下肢筋力低下も賠償に当たって考慮できるとして，後遺障害慰謝料および将来の介護費の賠償をも認定した。賠償認容の総額は約537万円である。

〈事実認定〉[2]

　施設の介護マニュアルによると，本件施設ではポータブルトイレの清掃は，朝5時と夕方4時の定時に1日2回行うこととされ，その内容は「16：00　ポータブルトイレ・バルーン・尿器清掃　ポーターはトイレ用洗剤で洗い消臭液を入れる。ポーター回りは清拭で拭く。バルーンの尿量チェックはパックで計る」と具体的に定められていた。

　本件施設で定めた総合的な援助の方針は，「定期的な健康チェックを行い，転倒など事故に注意しながら在宅復帰へ向けてADLの維持・向上を図る」というものであり，介護計画（ケアプラン）表には，「以前骨粗鬆症あり，下半身の強化に努め転倒にも注意が必要である」と記載された。

　原告の入所当時の介護保険等級上の認定は，要介護度3であったが，入所後の2000年（平成12年）12月29日の調査において要介護度2とされた。

　本件施設作成のケアチェック表の「排泄に関するケア」欄には「日中はトイレ使用しているが夜間ポータブルトイレ使用」と記載されている。原告は，昼は主としてトイレを使い，夜はポータブルトイレを利用していた。

　しかし，本件事故発生後に被告が原告居室のポータブルトイレの清掃状況を調査した結果，2000年12月1日から2001年1月8日までの39日間のうち，外泊期間（延べ15日，25回）を除いた29日間（53回）に，ポータブルトイレの尿を清掃したという「処理」が23回，トイレの中を見て空であることを確認したという「確認」が15回，声をかけたが大丈夫と言われたという「声かけ」

が2回，処理しなかったのが3回，不明が10回となっていて，必ずしも介護マニュアルに沿って実施されていたわけではなかった。

　ポータブルトイレの清掃がなされていない場合には，原告は，トイレに自分で排泄物を捨てに行っていた。ただし，上記のとおり，ここには容器を洗う場所はなかったので，原告は，排泄物の処理と容器の洗浄のために，ときおり本件処理場を利用していた。どうにか自分で捨てに行くことができたので，本件施設職員に頼むことは遠慮して，自分で捨てていた状態だった。

　原告は，2000年12月31日昼から2001年1月6日夜まで外泊して自宅に帰っていたところ，1月6日夜本件施設に戻った。翌1月7日午前5時のポータブルトイレの処理状況は，被告の調査によれば「不明」であるところ，原告の記憶では，夜ポータブルトイレを利用したにもかかわらず，捨ててもらえない状態だった。同日午後4時においては，担当者の調査表によれば，「確認はせず，声かけし，使用していないとのことで処理しなかった」と記載されていたが，調査結果一覧表には「確認」と記載されている。

　1月8日午前5時のポータブルトイレの処理状況は，「処理」，同日午後4時においては，「処理していない」である。同午後4時の担当者の訴外E作成の調査表によれば，「日中トイレにて排泄して尿とりパットを交換したため，ポータブルトイレを使用していないと思い確認せず，処理しませんでした」との記載になっている。

　2001年1月8日夕刻，原告は，食堂で夕食を済ませ，自室に戻ったところ，自室のポータブルトイレの排泄物が清掃されていなかったので，夜間もこれをそのまま使用することを不快に感じ，これを自分で本件処理場に運んで処理しようと考えた。そこで原告は，同日午後6時頃，ポータブルトイレ排泄物容器を持ち，シルバーカー（老人カー）につかまりながら，廊下を歩き，同じ二階で一室を隔てたところにあるトイレに赴き（距離にして約15ないし20メートル），トイレに排泄物を捨てた後，その容器を洗おうとして隣の本件処理場に入ろうとしたところ，出入口の本件仕切りに足を引っかけて，本件処理場内で転倒した。

2 争点における原告・被告の主張と判旨[3]

（1）債務不履行責任に関して，被告にポータブルトイレの清掃を定時に行うべき義務の違反があるか。上記清掃義務の違反があった場合，これと本件事故との間に相当因果関係があるか

〈原告（被害者側）の主張〉

　本件事故は，原告が自室のポータブルトイレ中の排泄物を捨てに行こうとして本件処理場に赴いた際に起こったものであって，本件事故の原因は，本件施設職員がポータブルトイレの清掃をしてくれなかったことにある。被告は，本件契約に基づき，介護ケアサービスの内容として入所者のポータブルトイレの清掃を定時に行うべき義務があるにもかかわらず，被告がこれを怠ったために，原告が自ら捨てに行くことを余儀なくされた結果，本件事故が発生したものである。

　居室内に置かれたポータブルトイレの中身が廃棄・清掃されないままであれば，不自由な体であれ，入所者がこれをトイレまで運んで処理・清掃したいと考えるのは当然であり，ポータブルトイレの清掃を定時に行うべき義務と本件事故との間に相当因果関係が認められることは当然である。

　本件事故は，上記ポータブルトイレの清掃義務に加えて，移動介助義務および入所者の安全性を確保することに配慮すべき義務の各不履行の結果生じたものである。被告には，本件事故による原告の損害につき，本件契約の債務不履行に基づく損害賠償責任がある。

〈被告（施設側）の主張〉

　本件施設では，足下のおぼつかないような要介護者に対しては，ポータブルトイレの汚物処理は介護要員に任せ，自ら行わないようにとの指導をしていた。

　仮にポータブルトイレの清掃がなされていなかったとしても，自らポータブルトイレの排泄物容器を処理しようとする必要性はなく，ナースコールで介護要員に連絡して処理をしてもらうことができたはずである。本件事故発生日に原告が介護要員にポータブルトイレの清掃を頼んだ事実はない。したがって，

入所者のポータブルトイレの清掃を定時に行うべき義務と本件事故との間に相当因果関係は認められない。

〈判　旨〉

施設側が，本件契約に基づき，介護ケアサービスの内容として入所者のポータブルトイレの清掃を定時に行うべき義務があったこと，本件事故当日，これがなされなかったこと，そのため当該利用者がこれを自ら捨てようとして，本件処理場に行った結果，本件事故が発生したことが認められる。

居室内に置かれたポータブルトイレの中身が廃棄・清掃されないままであれば，不自由な体であれ，高齢者がこれをトイレまで運んで処理・清掃したいと考えるのは当然であるから，ポータブルトイレの清掃を定時に行うべき義務と本件事故との間に相当因果関係が認められる。

この点，施設側は，「ポータブルトイレの清掃がなされていなかったとしても，自らポータブルトイレの排泄物容器を処理しようとする必要性はなく，ナースコールで介護要員に連絡して処理してもらうことができたはずである」と主張するが，前記認定のようにポータブルトイレの清掃に関する介護マニュアルの定めが遵守されていなかった施設の現状においては，当該利用者ら入所者がポータブルトイレの清掃を頼んだ場合に，施設職員が，直ちにかつ快く，その求めに応じて処理していたかどうかは，不明であるといわなければならない。したがって，入所者のポータブルトイレの清掃を定時に行うべき義務に違反したことと本件事故との間の相当因果関係を否定することはできない。

したがって，施設側は，本件事故に関して，原告に対して本件契約上の債務不履行責任を負う。

（2）本件仕切りが民法第717条にいう土地工作物の設置・保存の瑕疵に該当するか

〈原告の主張〉

本件施設は，身体機能の劣った状態にある要介護高齢者の入所施設であるという特質上，入所者の移動等に際して身体上の危険が生じないような建物構造・設備構造が求められているものである。しかるに，本件処理場の出入口には本件仕切りが存在し，下肢の機能の低下している要介護高齢者の出入りに際して転倒等の危険を生じさせる形状の設備である。これは民法第717条の「土

地の工作物の設置又は保存の瑕疵」に該当するから，被告は，同条による損害
賠償責任がある。

〈被告の主張〉

本件処理場は，入所者・要介護者が出入りすることが予定されていない場所
であった。本件仕切りは，本件処理場内の汚水等が処理場外に流出しないため
の仕切りであって，構造上問題はなく，「土地の工作物の設置又は保存の瑕疵」
に該当しない。

〈判　旨〉

原告所論のとおり，本件施設は，身体機能の劣った状態にある要介護高齢者
の入所施設であるから，その特質上，入所者の移動ないし施設利用等に際し
て，身体上の危険が生じないような建物構造・設備構造が特に求められている
というべきである。

しかるに，現に入所者が出入りすることがある本件処理場の出入口に本件仕
切りが存在するところ，その構造は，下肢の機能の低下している要介護高齢者
の出入りに際して転倒等の危険を生じさせる形状の設備であるといわなければ
ならない。

これは民法第717条の「土地の工作物の設置又は保存の瑕疵」に該当するか
ら，被告には，同条による損害賠償責任がある。

(3) 過失相殺

〈原告の主張〉

ポータブルトイレの清掃を頼むのは，その入所関係の性質上，入所者が遠慮
しがちな事項であり，入所者が職員に頼まずに自分で清掃に赴こうとしたから
といって，入所者である原告に不注意があったとはいえず，過失相殺は不適当
である。また，被告は，介護サービス契約に基づきサービス提供をなすべき地
位にあり，入所者に対して安全を配慮すべき義務を負いながら，この種の事案
において過失相殺を主張するのは，権利濫用・信義則違反である。

〈被告の主張〉

原告は，ナースコールで介護要員に連絡して処理をしてもらうことができた
はずであり，被告からそのように指導されていたにもかかわらず，また，自ら

ポータブルトイレの排泄物容器を処理する能力に欠けているにもかかわらず，自ら処理しようとした行動には過失が認められるので，過失相殺がなされるべきである。

〈判　旨〉

前記認定の事実関係に照らし，本件において，原告に過失相殺を認めるべき事情は認められない。

3　判旨の具体的検討

（1）ポータブルトイレの清掃の義務違反に関しての具体的考察

本件事故は利用者が自室のポータブルトイレ中の排泄物を捨てに行こうとして本件処理場に赴いた際の転倒によるものである。ここでは，施設側に未然に事故を防止する手段として何が必要であったかを検討する。

利用者は要介護度2で，ケアプラン表には，骨粗鬆症との記載がなされていることから，施設側では利用者が転倒すれば骨折の危険性は増大することは予見できたはずである。施設側の油断としては，「排泄物の処理を忘れても，ナースコールを押してくるだろう」，たとえ，利用者が勝手に処理場に捨てにいって転倒しても「介護要員に任せ，自ら行わないように，との指導をしていたのであるから責任は問われないだろう」という安易な過信があったことは否定できない。施設側で，利用者の排泄物の処理という「人間の尊厳」[4]に関わる行為に対する認識の甘さが露呈されたといえる。また，「毎日定時にポータブルトイレの処理を行っていたわけではない当該施設では，損害賠償請求の可否以前の問題として，入所者一人ひとりの目線に立った介護だったといえるか，との疑問を禁じ得ない。またそもそも，定時に処理すべき契約上の義務の存在を前提とした場合，施設職員の行った行為の正当化は契約論としては難しい」[5]といえる。

すなわち，①本件施設では，足下のおぼつかないような要介護者に対しては，ポータブルトイレの汚物処理は介護要員に任せ，自ら行わないように，との指導をしていた。②仮にポータブルトイレの清掃がなされていなかったとしても，自らポータブルトイレの排泄物容器を処理しようとする必要性はなく，

ナースコールで介護要員に連絡して処理をしてもらうことができたはずである。本件事故発生日に原告が介護要員にポータブルトイレの清掃を頼んだ事実はない，という①②の施設側の主張自体に，利用者に対するサービスの本質を見失っているといえる。

　施設側から利用者へのサービスに関しては，「依然として介護保険法施行以前の『介護は措置であり，入所者は介護の客体である』という認識」[6]が施設側に存在しているといえる。

　ただし，本判決が示すように，ポータブルトイレの清掃が「本件事故当日たまたま何らかの理由により行えなかったという場合で，日常的に施設職員と当該利用者との信頼関係が構築されていたのであれば，契約上の義務違反と損害との間の相当因果関係が否定された」[7]可能性がある。信頼関係の構築には，サービス提供者である施設側が利用者に対して，「あなたを大切にしています」「あなたを大事に思っています」という思いを相手に伝える姿勢が必要である。つまり，利用者を多数の利用者のうちの一人と位置付けるのではなく，自分の家族のように一人ひとりが大切な利用者であるという受容的な姿勢こそが施設側に求められている。

　ここでいう受容とは，単に利用者の感情や思考をそのまま受け入れることではなく，「利用者に非審判的な態度をとり，利用者の感情を受け入れつつ，自己決定を尊重し，自主的主体的にその態度や行動を変容することのできるような脅威のない状況を醸成する」[8]ことである。そのためには，サービス利用者個々人，あるいはその家族を丁寧に個別に評価し，サービス利用のあり方の集団的，画一的提供をするだけではなく，その利用者や家族の「必要と求めと同意」[9]に応じて，個別相談方針を立てて利用者にサービスを提供することはもちろん，苦情解決制度の利用においても，利用者一人ひとりの苦情や要望のすべてに応えていくことが現実的に困難な場合にも利用者に説明して納得を得るというプロセスが信頼の構築につながるといえる。つまり事故の発生前の苦情段階において適切な対応がなされていれば訴訟まで発展していない可能性がある。

　本件の事例においては，施設職員がナースコールの依頼の重要性をきちんと

当該利用者に説明することが必要である。ただ，利用者の中には残存能力を活用しながら，「自分のことは自分でしなければならない」と考える者や，「できるだけ他人の世話になりたくない」と考える者もいることを施設職員側が個別に認識しておくことも必要である。

（2）民法第717条にいう土地工作物の設置・保存の瑕疵に関しての具体的考察

　高齢者の自立を維持しつつ，安全に暮らしていくという願いは，サービス提供者側では誰しもがもっているはずであるが，自立の尊重と安全の確保という両者の調整をどのように図るかが重要といえる。どんなに最善の注意を払っても，事故は起きるものである。なぜ事故が生じたのかを冷静に分析し，今後二度と同じ事故を起こさないようにするための具体的な方策が必要である。本件事案においては，施設側に職員がもし排泄物の処理を忘れた場合でもナースコールを押してくれるから大丈夫だろうという安易な気持ちがあったことは否定できない。利用者にとって処理されない汚物の近くで過ごすことの意味を施設側では十分に認識していなかったといえる。

　施設職員の「日中トイレにて排泄して尿とりパットを交換したため，ポータブルトイレを使用していないと思い確認せず，処理しませんでした」という思い込みが利用者の事故の要因の一つといえる。仮に，利用者が自分で汚物処理場に捨てにいったことを考えて，本件処理場の出入口の仕切りが存在しなかったならば事故は生じなかったといえる。本件処理場は，入所者・要介護者が出入りすることが予定されていない場所という理由で利用者の安全を重視しなかったとしても，本件施設は，身体機能の劣った状態にある要介護高齢者の入所施設であるという特質上，入所者の移動等に際して身体上の危険が生じないような建物構造・設備構造が求められている点を軽視したように思われる。つまり，本件の施設利用者は徘徊などで通常人では予想し得ない行動を起こすことを十分認識して，本来では入所者の出入りがない場所でも最善の安全面を重視する必要があるといえる。具体的には，転倒が予想される箇所にマットを敷くなどの方策が必要であるといえる。

　施設側が，今回のように，排泄物の処理をしてほしいという利用者のニーズ，もし自分で捨てにいった場合の機能障害，能力障害に伴う設備構造上の問

題点を十分に分析して，その結果を利用者とスタッフが共有することができたなら，事故の発生を防げたといえる。ポータブルトイレの汚物処理は介護要員に任せ，自ら行わないように，との指導をしていたというだけでは不十分といえる。不測の事態に備えて，施設職員の出入りが予定されている場所には利用者が入れないように鍵をかける，仮に出入りができたとしても，転倒の危険が生じないように危険物を置かないような配慮が必要である。

　本件事例では，事故後，入所者が凸状仕切りに接触するような事故の発生を防止するため本件仕切りの凸部分を取り除くための改修工事が施工された。このように，施設側では，事故原因を探求し，必ず改善策を講じ，改善策を利用者や利用者家族に報告し，再発防止に努めていることを伝えることが必要である。

（3）過失相殺に関しての具体的考察

　過失相殺とは，たとえ債務不履行が生じたとしても，債権者は，自らの過失で招いた損害まで債務者に転嫁することはできないという，信義則の理念に基づく制度である。

　本事例では，当該利用者がポータブルトイレの清掃を施設職員に依頼せずに自分で行って，転倒・骨折したことについて過失が認められ，施設側の責任が軽減できるかが争点となったが，判旨では，過失相殺を否定した。

　判例によると，ポータブルトイレの清掃に関する介護マニュアルの定めは，ポータブルトイレの尿を清掃したという「処理」が23回，トイレの中を見て空であることを確認したという「確認」が15回，声をかけたが大丈夫と言われたという「声かけ」が2回，処理しなかったのが3回，不明が10回となっていて，必ずしも介護マニュアルに沿って実施されていたわけではなかった，とされている。本件のポータブルトイレの清掃義務が53回のうち，清掃をしなかったのが3回，不明が10回という事実を勘案すると，利用者の心理としては，排泄物の処理をナースコールでお願いするという心理的負担は計り知れないといえる。この点を分析しても，入所者がポータブルトイレの清掃を頼んだ場合に，本件施設職員が，「直ちにかつ快く，その求めに応じて処理していたかどうかは，不明である」ということは当然の帰結といえる。

　さらに，その介護マニュアルによると，本件施設ではポータブルトイレの清掃は，朝5時と夕方4時の定時に1日2回行うこととされ，その内容は「16：00　ポータブルトイレ・バルーン・尿器清掃　ポーターはトイレ用洗剤で洗い消臭液を入れる。ポーター回りは清拭で拭く。バルーンの尿量チェックはパックで計る」と具体的に定められていた。ここまで詳細なマニュアルが存在していたにもかかわらず，なぜ施設職員は遵守できなかったのかという点も問題である。

　入所者はかかる後始末等についてことさら遠慮がちになりやすい，施設職員に頼みにくいという当然の前提を施設側が十分に理解し，「自らサービスの質の評価を行い，サービスは常に入所者の立場に立って提供すべきという介護の基本理念が忠実に実行されていれば，上記の施設側の主張も存在しない」[10]といえる。利用者にとっては残存能力を活用し，自分でできることは自分で行い自己実現を図っていくことは自然の流れといえる。忘れられた排泄物の後始末をどのようにするか，という根本的な問題は，利用者に決定権があるといえる。特に，女性にとっては，日常欠かせない排泄物の後始末を担当者に頼むことはことさら遠慮がちになりやすく，担当者がポータブルトイレの清掃を忘れた場合には，むしろ利用者としては自分で捨てに行くことは当然の帰結といえる。しかも，「入所者は高齢者であるだけに，介護サービスの提供をいわば恩恵であると受け止め，遠慮がちになりやすい傾向がある」[11]ことを施設側では十分に認識する必要がある。

　この点で，介護マニュアルが，関係職員全員に遵守できなかった場合の予防策が周知されていたのか，ポータブルトイレの清掃の重要性を関係職員全員が認識していたのか，1日2回行うということの要員上の問題はなかったのか，要員上の問題があるとしたら効率化できる点は存在しなかったのか，という点を分析することが必要といえる。要介護度の高い高齢者が多数入所する施設においては，限られた人員で業務をこなすことには限界がある。そのため，食事後の移動介助の時間帯の場合のように，見守りやナースコールの対応が手薄になりがちであるときには，「部分的にパートタイマーを配置する」[12]などのように人員配置の工夫が必要である。

　介護マニュアルは，全職員がマニュアルの内容を遵守して，サービスを提供することで，サービスの質の標準化を図ることができる。標準化されたサービスを土台として，さらに個別化したサービスを上乗せして提供すれば，介護事故の予防を兼ね備えたサービスの提供が可能となり，サービスの質の向上につながるといえる。

　介護マニュアル作成にあたっては，はじめに日々の業務を思い起こし，具体的に何をしているのかを箇条書きに書き出すことが必要である。その後に，項目ごとに優先順位をつける。介護業務において，すべての業務を完璧にこなすという発想ではなく，的を絞った業務を行うことが重要である。

　本件事例では，ポータブルトイレの清掃を利用者が，危険を冒してまで捨てに行った事実を分析すると，施設側としては事前に，当該利用者が排泄の処理を行う場合に，自分で行う意志がどの程度あるのか，ナースコールなどで処理を頼む場合の心理的な負担はどの程度あるのか。ナースコールで呼んだ場合に，処理にかかる時間を利用者はどの程度予定していたのか，どの時間帯の排泄処理を一番気にしていたのか，という具体的な利用者の心理状態を予見し，当該利用者の態度・行動様式を因子分解することが求められるといえる。このような利用者の心理状態を予見することは，「人間そのものにかかわる臨床心理領域の事例であるため，臨床心理の領域に関する研修制度の充実」[13]が施設職員には必要である。

　つまり，「個人が抱えている生活問題を解決するために，その人の生育史や心理分析も行うと同時に，その人や家族の生活全体の分析を通し，その生活が社会環境との間でどのような軋轢と課題を有しているかを明らかにした」[14]上で，「医学モデルのように，身体的にどこの部位に病変があり，それはどのような要因で起きており，どのような治療法があるかといった部位に関して検査・分析をするのとは異なり，ソーシャルワーカーの診断法は社会福祉観，人間観に大きく左右される」[15]領域といえよう。

4 介護事故裁判例の意義と今後の施設運営のあり方

（1）記録の重要性

　本裁判事例においては，記録は介護事故が生じた場合の重要な証拠ともなり，家族との事故原因の説明交渉の重要な要素ともなる。本件の訴訟においても，訴訟前に作成した内部記録が証拠として採用されていることを考えると，記録の有無は施設の運営にとって必要不可欠といえる。訴訟まで発展した場合には，「当時の事実関係を示すもっとも重要な資料の一つになるだけではなく，今後の事故防止対策のため，事故発生の要因を多面的に分析するために欠くことのできない情報である。記載内容については，報告者の評価や判断，あるいはある事実に関しての推測などは極力避ける」[16]ことが望ましい。つまり，事故後の対応でも，報告者の評価や判断あるいは事実の推測は避けて，当時の事実関係のみを詳細に記録として残しておくことが肝要といえる。訴訟段階では，推論の事実よりも正確な事実認定に重点が置かれるからである。家族の初期の対応が不十分になり不信感を構築しないためにも，冷静かつ誠意をもって事故のあった事実を速やかに報告することが家族の信頼を得ることにつながるといえる。

　本件事例においても，ポータブルトイレの清掃において，「処理」「確認」「声かけ」のチェックをするのではなく，具体的に，どのような状況で処理し確認したのか，声かけでも，どのような言葉で声かけをしたのかを詳細に記述することを求めていれば，「不明が10回」というような事態は生じなかったはずである。特に「声かけ」では，利用者にきちんと挨拶ができているのか，笑顔で接しているのか，敬語を使い，ゆっくりわかりやすい声かけを実施しているのか，利用者のペースに合わせているのか，目線を合わせているのか，利用者の反応を一つひとつ確認しているのか，などの日頃からのコミュニケーションがあれば，利用者との信頼関係が構築でき，「ポータブルトイレの清掃を頼んだ場合に，本件施設職員が，直ちにかつ快く，その求めに応じて処理していたかどうかは，不明である」ということには少なくとも生じなかったはずである。

（2）連携・協働のあり方

　本件事例では事故後の状況において「原告は，足，腰，頭の痛みを訴えながら，動けなくなっており，今まで転んだことなんかなかったのに」と残念そうに，悔しそうに言っていた，原告には，創痕，右下肢筋力低下（軽度）の後遺症が残り，原告が一人で歩くことが不自由になり，これを一番残念に思っている，とある。事故発生後においては，利用者の生命・身体の安全を最優先することが必要である。そのためには，初動，事実把握と連絡，医療機関との連携，利用者家族，行政への連絡・対応などを迅速に遂行することが必要である。まず，事故が生じた場合には，施設長に連絡することが必要であるが，施設長の携帯電話番号だけ職員が知っていても，出張などの不在の場合など，施設長不在時の命令指揮系統はどのようにするのか，責任の所在や無権限であれば迅速な対応ができないためのマニュアルを作成しておくことが必要である。医療機関との連携においても，夜間や休日の際にはどのようにすればいいのか等，医療機関との円滑な連携が必要である。本件事例のように，施設側に損害賠償が生じるため，保険会社や弁護士への連絡・相談，行政への連絡，対応が必要といえる。

　このように本件事例においては，利用者への事故防止を図るための手段は多岐にわたっているといえるが，施設職員としては，利用者にとって身近で最良の情報収集者であるため，常に利用者の資質および施設内における生活環境上の問題点の情報を収集する必要がある。また一方で，医学的診断等を担当する医療機関が利用者の身体機能状況を施設職員に報告し，施設職員と医療機関との連携を強化する必要がある。

（3）介護サービスの質の向上に向けて取り組むべき課題

　介護サービスは「無形財としてのサービスであるから人間によって価値増殖が図られる典型的な労働力集約型の事業」[17]である。介護サービスは無形財としてのサービスであるため，直接利用者と接する介護サービス提供者の技量や性格，人柄などに大きく依存しているが，介護サービスの特殊性に鑑み，人間である以上ベテランの介護職員でも人的リスクは否定できない。介護職員の技術はもちろん，利用者の接し方などの職員の人的資質に大きく依拠していると

いえる。そのため，「介護におけるリスクマネジメントの研修や教育はもちろんのこと介護スタッフの高い使命感やモラルそしてリスクマインドが一層要求されるのである」[18]といえる。

　職員一人ひとりが利用者に必要な技術をどの程度習得しているのか，どれだけ真剣に取り組んでいるのかという意識が，施設のサービスの質を左右するといえる。職員の質を高めるためには，組織的，体系的に職員研修や訓練を充実させる必要がある。職員研修の場合には，リスクの発生は突然に発生し，緊急性を要する性質のため，マニュアルだけの対策では不十分といえる。現場のスタッフの個人的な判断に委ねられる場合が多いため，マニュアルにおいても，どの施設でも最低限遵守する事項を土台に，施設独自の業務上の規則を加味したマニュアルも必要である。具体的には，どのようなヒヤリ・ハットが生じたか，施設のどの箇所に危険が潜んでいるのか，という意見を出し合い，出された意見を集約化し，その意見に対して，職員同士で思いつく対策を話し合い，緊急を要すべき改善策と検討を要する対策とに分類し，場合を分けて実践すべきである。ここで重要なのは，職員間で意見を出し合い，対策を講じていくまでの過程を通じてコミュニケーション能力を高めることである。つまり，コミュニケーションを図ることでリスク要因を共有し，事故の回避・軽減・予防という三要素を図ることができる。また，「介護技術コンテスト」[19]を実施し，優秀者には昇給させるなどして人的貢献度に応じた給与体系の配分も必要であるといえる。

　そして，「経営者と職員が同じ目線でいわば『共感的・共鳴的』に物事に対処する基本的姿勢がきわめて重要」[20]といえる。つまり，密室化しやすい施設内の出来事について，職員が経営者に報告しやすい環境づくりが必要である。

（4）措置制度から契約制度に移行した意義

　従来の措置制度から，現行法が契約制度に以降したことにより，介護サービスは，利用者にとっては介護サービスを受けるのは当然の権利であり，施設側にとっては適切な介護サービスを利用者に提供するのは契約上，義務である。施設職員が利用者本位の立場に立って，利用者を一人の人間として捉え，その人の生活課題を総合的かつ継続的に把握していたかどうかが問われているとい

える。ただ，措置時代の名残から，現時点でも施設側では，介護サービスの提供を「義務」という認識が乏しく，利用者側も家族も含め，クレームの提起により，利用者に対する施設側のサービス上の不利益を恐れるあまり，施設側に遠慮がちになりやすい傾向にある。施設側には，介護サービスの実施は利用者との契約に基づき提供されるべき給付義務の履行という認識が乏しいといえる。

　現行法が契約制度に移行したとはいえ，近時の介護事故の裁判例の特徴としては，利用者側と施設側の信頼関係の構築の不十分さが原因で，裁判という異常事態まで発展したものと考えられる。すなわち，サービス提供者側が，リスクは「情報の欠如，時間の欠如，マネジメントの欠如が決定的要因」[21]であることを理解し，信頼関係の構築がなされていれば，訴訟まで発展しなかった可能性がある。

　本件事例では，施設における介護者には介護に対する「基本的価値観，基本的な知識・技術・特に対人関係を扱う技術」[22]はもちろん，それを意識的に展開できる法的な専門知識，技術が今後必要であることを裁判所が示しているといえる。

（5）利用者・家族との信頼関係の構築

　裁判という異常事態を避けるためにも，利用者の入所時においては，施設職員が利用者およびその家族に対して，施設内の利用について説明文書を用いて十分説明し，その中で，利用者の病状における施設内の問題点，リスクを十分説明し納得した上で，介護事故は施設側が最善を尽くしても生じるものであるという利用者および家族の理解の前提の下に，施設の入所契約を当事者が締結するべきである。入所後も家族に利用者の現状を常時報告し，家族が面会に来ない場合には，一方的に郵送などの形で報告して信頼関係の構築を図ることが施設側には求められる。

　また，施設内部においても情報の共有化が今後非常に重要になる。具体的には利用者ごとの介護情報を管理して，その介護に関する最新情報や現在の状況を定期的にEメールなどを利用して施設職員全員に情報配信するということも有効である。介護現場では，日々変化する利用者の状況を知らないことに伴う

リスクを未然に防止する意味でも非常に有益といえる。

（6）今後施設運営に求められるチームアプローチ・チームケアの構築

　今後施設運営には，医師をはじめとする医療職や保健・看護職，理学療法士・作業療法士・言語聴覚士等のリハビリテーションに関わる関係職員と，ソーシャルワーカーとしての社会福祉士やケアワーカーとしての介護福祉士，大学教員などがチームを組んで，「チームアプローチ・チームケア」[23]が求められるといえる。つまり利用者をサービス提供者一人ですべて理解してサービスを提供するよりも，他職種の専門家と議論を重ねて利用者にチームアプローチ・チームケアを実践したほうが新たな良質なサービスの獲得が得られるはずである。そのためには，「福祉・医療・保健」に関する他職種間の連携を図るために，「育成段階から各職種間に利用者の自立支援という共通の価値観を育てることや各職種合同で介護・福祉現場での実践的活動を経験させる」[24]ことが重要といえる。

　裁判例のリスク前とリスク発生後の予防的研究としては，利用者からの「信頼」獲得のためのチームアプローチ・チームケアの構築こそが不可欠といえる。2000年（平成12年）4月の介護保険制度導入後，介護事故が表面化し始め，訴訟になるケースが顕在化している現在において，本件事例のような介護事故による裁判の判断基準は福祉サービスの質の向上を図り，利用者の権利を守るシステムづくりに寄与するものと思われる。すなわち，施設職員が介護事故の裁判例を分析することによって，どのような場合に施設は責任が問われるのか，その際の判断基準は何かを意識的に把握することが必要不可欠といえる。そのためには軽微な苦情でも施設側は常日頃から真摯に受け止め，利用者が今まで施設側に苦情を言いにくい環境から言いやすい環境に整備し，個別性を重視した信頼関係の構築を図ることが求められているといえる。

　本判決は，施設におけるリスクに対する介護施設側の危機意識と自覚を喚起し，利用者・家族にも，契約制度の権利主体としての自覚を促し，介護事故防止のための体制を整える先例の一つと位置付けることができよう。

〈注〉
1）『判例時報　1838号』116-118頁
2）前掲書1）116-118頁
3）前掲書1）116-118頁
4）菊池馨実「老健施設入所者の骨折にかかる裁判例」『賃金と社会保障　1351・1352号』旬報社（2003年）110頁
5）菊池馨実・前掲書4）110頁
6）加藤博史「介護保険施設内事故と訴訟」『賃金と社会保障　1353号』旬報社（2003年）52頁
7）菊池馨実・前掲書4）110頁
8）古川孝順『社会福祉原論　第2版』誠信書房（2005年）318頁　古川は，社会福祉の援助技術については，生活支援ニーズを理解し，援助の方向性を定め，援助関係とそこに起こる状況を制御するために必要とされる価値規範，一定の知識，技法（スキル）が必要であるとしている。
9）大橋謙策「地域福祉とコミュニティソーシャルワーク」『ソーシャルワーク研究　Vol.28』相川書房（2002年）5頁　大橋は，社会福祉ニーズを把握，分析するにあたって，地域自立生活支援という場合の自立の捉え方，考え方が重要であるとしている。
10）加藤博史・前掲書6）52頁
11）加藤博史・前掲書6）52頁
12）介護サービス事業リスクマネジメント研究会『介護サービス事業のリスクマネジメント』第一法規（2005年）23頁
13）志田民吉「社会福祉法上の苦情解決制度について」『東北福祉大学研究紀要　第26巻』（2001年）12頁　志田は，苦情解決制度として大切なことは，「地域で継続的に生活を行えること」を担保することであるとし，第三者委員の選考基準としては，いわゆる「肩書き」にとらわれることなく，「地域生活」という特性を理解し，地域生活の向上に貢献できる点をあげている。
14）大橋謙策「『統合科学』としての社会福祉学研究と地域福祉の時代」『社会福祉学研究50年の回顧と展望』ミネルヴァ書房（2004年）67頁
15）大橋謙策・前掲書14）96頁　大橋は，ソーシャルワークの機能が発揮できる社会システムをどのように構築すべきか，ソーシャルワーカーをどのように育てるかという社会福祉教育の問題等を提唱している。
16）日本弁護士連合会『契約型福祉社会と権利擁護のあり方を考える』あけび書房（2002年）276頁
17）江尻行男「社会福祉経営とリスクならびにリスクマネジメント」『非営利法人　No.697』（2003年）7頁　江尻は，介護サービスは直接の提供者が人間である以上限界があるため，介護リスクマネジメントのための人的面の充実として，介護職員の研修や教育，労働条件の改善や配置，ローテーション，そして安定した精神面の充実化が重要であるとしている。
18）江尻行男・前掲書17）7頁
19）砂川直樹『リスクマネジメント60のポイント』筒井書房（2003年）129頁
20）菊池馨実『介護リスクマネジメント』旬報社（2003年）204頁　菊池は，施設において，どんな立派な事故マニュアルを作成しようとしても，介護事故防止の根本的解決にはならないとしている。ケアプラン作成を身体状況などの変化に応じてアセスメントを行い，絶えず見直すことの重要性をあげている。
21）亀井利明『危機管理カウンセリング』日本リスク・プロフェッショナル協会（1999年）87頁
22）根本博司「理論構築のための事例研究の方法」『ソーシャルワーク研究　Vol.26』相川書房（2000年）13頁　根本は，社会福祉援助技術を十分理解しておくことは，介護福祉士としてそ

の専門性を発揮する上で極めて重要である，とする。その理由としては人権尊重，自立支援等の社会福祉実践の理念，介護を必要とする人の生活を総合的に理解する基本的枠組み，サービス利用者の心を理解し，意思の疎通を図り，相手との間に信頼関係を築く技術，介護問題の解決・軽減の援助過程を進める方法等々が社会福祉援助技術に盛り込まれているからである，とする。
23) 大橋謙策・前掲書14) 72頁 大橋は，福祉サービスを必要としている利用者に対するチームアセスメント・チームケアについては，多様な福祉サービスと保健医療サービスやその他の関連するサービスとを有機的に結び付ける創意工夫と継続的な対人援助の必要性をあげている。
24) 大橋謙策・前掲書14) 73頁 大橋は，福祉，医療，保健が連携した総合的なチームケアの推進のために，基本的な共通カリキュラムの調査研究も提言している。

ケース2 デイサービス利用中の行方不明にかかる死亡事故

静岡地方裁判所浜松支部 平成13年9月25日
平成10年（ワ）第211号 損害賠償等請求事件
『賃金と社会保障 1351・1352号』104-107頁 112-116頁

1 事案の概要

老人デイサービス運営事業は，おおむね65歳以上の要援護高齢者（65歳未満であって初老期認知症に該当するものを含む）および身体障害者であって身体が虚弱または寝たきり等のために日常生活を営むのに支障がある者を対象とし，老人デイサービスセンターE型は認知症高齢者を利用対象者としている。被告は，特別養護老人ホームYの設置経営，老人デイサービスセンターYデイサービスセンターの設置および受託経営等の社会福祉事業を行うことを目的とする社会福祉法人で，1993年（平成5年）4月から，Yデイサービスセンターにおいて老人デイサービスセンターE型（以下「被告施設」という）を開設して，S市より在宅高齢者福祉対策事業として，認知症高齢者を利用対象とする被告施設の運営を委託されて，S市内に居住する在宅の要援護高齢者に対し，レクリエーションを含む生活指導，養護，健康チェックおよび給食サービスの実施を必須とし，入浴サービスにつき選択して実施することができる老人デイサービスを実施している。なお，被告は，Yデイサービスセンターにおいて，老人デ

イサービスセンターB型を運営している。E（以下「亡E」という）は，S市内に居住する在宅の要援護高齢者として，1997年（平成9年）4月30日，被告施設を参観訪問した後，同年5月2日，7日，9日，14日，16日，被告施設に通所して，デイサービスを受け，同月21日，同様にデイサービスを受けていたが，同日午前11時40分頃，廊下面から高さ84センチメートルの一階廊下の網戸付サッシ窓から脱出し，そのまま行方不明となり，同年6月21日午前4時40分頃，I海岸防波堤付近の砂浜に死体となって打ち上げられているのを発見された。

2 判旨から学ぶ具体的認定基準

（1）施設の玄関は内側からは2つのアルファベットと6，7桁の暗証番号を押さなければ開かないようになっており，裏口は開けると大きなベルとブザーが鳴る仕組みになっている。このような状況の中で，利用者が網戸の開いた，84センチメートル程度の高さの施錠していない窓に上りそこから飛び降り，失踪した場合には施設側に過失が認定されるか

〈結　論〉

判決では身体的には健康な認知症高齢者が，84センチメートル程度の高さの施錠していない窓から脱出することは予見できたと認められ，施設側に過失を認定した。

〈具体的検討〉

利用者の失踪時，施設の玄関は内側からは容易に開かないようになっており，裏口は開けると大きなベルとブザーが鳴る仕組みになっていて，利用者が出ることは困難であった。しかし，身体的には健康な認知症高齢者が，84センチメートル程度の高さの施錠していない窓があれば，よじ上ることは可能であることは明らかであるとして，開いている窓があれば，利用者が脱出することは施設側は予見できるとして，施設側の過失を認定した。

このことは，利用者の徘徊防止として施設の建物出入口に，暗証番号による開錠，防犯ブザーの設置など，最新の設備を整えたとしても，出入り可能な窓が開いていれば，施設側の過失と認定するということである。施設職員は，窓

を閉めて施錠し，あるいは，利用者の行動を注視して，窓から利用者が脱出しないようにする義務があったといえる。つまり，最新の設備を整えたとしても，施設側の過失を軽減する理由とはならないといえる。

（2）失語を伴う重度の老年性認知症者に対して施設側が認識しておくべき事項とは何か

〈結　論〉

① 判決では失語を伴う重度の老年性認知症の利用者が，単独で施設外に出れば，自力で施設または自宅に戻ることは困難であり，また，帰宅するために人の助けを得ることも困難であることを認識しておく必要があるとした。

② 判決では失語を伴う重度の老年性認知症の利用者は，多人数でいる場合には，緊張して，冷や汗をかいたり，ほとんどしゃべれなくなったり，何もできなくなったりし，また，不安定になり，帰宅したがったり，廊下をうろうろすることがある。このような場合には施設側は利用者が被告施設を出ていく可能性があることを認識し，利用者の行動を注視して，利用者が施設から脱出しないようにする義務が生じるとした。

〈具体的検討〉

　利用者が失語を伴う重度の老年性認知症の場合には，徘徊などで行方不明になる可能性があることから，施設側には特段の配慮が必要であるとした。具体的には靴を取ってこようとしたり，廊下でうろうろしている状況を施設職員が目撃すれば，施設を抜け出す可能性があるということを予見できたと裁判所は認定する。このような行動が利用者に生じ，施設職員はこの利用者の行動を注視して，施設から脱出しないようにする義務が生じるということになる。

　失語を伴う重度の老年性認知症の利用者が，施設外に出れば，自力で施設または自宅に戻ることは困難であり，また，帰宅するために人の助けを得ることも困難であることから，施設側の最善の予防策を講じる必要がある。

（3）施設職員が法令等に定められた適正な人員の中でデイサービスを実施している際に，徘徊の可能性がある利用者を注視していなかったため，施設から抜け出した場合には施設側には過失は生じるか（この利用者の失踪に施設職員が気付くまで3分程度であった）

〈結　論〉

　判決では法令等に定められた人員でサービスを提供すると，サービスに従事している者にとって過大な負担となるような場合であっても，サービスに従事している者の注意義務が軽減されるものではない，と認定して施設側に過失がある，とした。

〈具体的検討〉

　本件事例で，裁判所は，男性4名，女性5名の合計9名の認知症高齢者を介助し，入浴サービスに連れて行ったり，要トイレ介助の女性をトイレに連れて行ったりするかたわら，亡Eの挙動も注視しなければならないのは，過大な負担であるが，これをもって失踪を回避する可能性がなくなることではないとした。つまり，施設職員にとってサービスの提供が過大な負担であっても，失踪の責任は免れないとの判断を示したといえる。見守りが十分になされていない場合に利用者の失踪が発生した場合には施設の建物および設備に瑕疵があるかについて裁判所は判断せず，あくまでも施設職員の見守り状況のみで失踪における施設側に過失を判定したといえる。

（4）施設職員の見守り義務違反によって利用者が失踪し死亡した場合には施設側に死亡まで責任を負わない場合とは，どのような場合か

〈結　論〉

　判決では施設側が失踪による死亡の責任まで負わない要件としては，判旨では事理弁識能力を喪失していないこと，知った道であれば，自力で帰宅することができていたこと，身体的には健康で問題がなかったこと，自らの生命身体に及ぶ危険から身を守る能力まで喪失していないこと，とした。

〈具体的検討〉

　失語を伴う重度の老年性認知症の利用者であっても，健脚で歩行に不自由はなく，普通の感情はあり，意志疎通は可能で，衣服の着脱や排泄は自力でで

き，知った道であれば，自力で帰宅していた，という事実があれば，失踪によ
る死亡は，施設側の予見可能性の範囲を超えるため，責任を負わないとした。
　つまり，このことは，反対解釈をすれば，もし利用者が意志疎通ができな
く，知った道でも自力で帰宅できない場合には，失踪に伴う死亡まで責任を負
うことを認めたことになるといえる。

3 判旨から学ぶリスクマネジメント

　本件事例は，デイサービス利用中の失踪ないし行方不明という事故類型であ
る。本判決で特徴的なのは，法令等に定められた限られた適正な人員の中でデ
イサービスE型事業を実施しているので過失はないとの被告の主張に対して，
「2人（うち1名は入浴介助中）の寮母で，男性4名，女性5名の合計9名の認
知症高齢者を介助し，亡Eの挙動も注視しなければならないのは，過大な負担
であるが，これをもって回避の可能性がないということはできない。法令等に
定められた人員で定められたサービスを提供するとサービスに従事している者
にとって過大な負担となるような場合であっても，サービスに従事している者
の注意義務が軽減されるものではない」という点である。人員・設備等にかか
る基準が遵守され，職員2名で9名の利用者を介助するというような過大な負
担が施設側に存在している場合でも，脱出を予見できるような状態ならば，裁
判所は施設側に注意義務違反を肯定する。
　本件事例では，出入口は2つのアルファベットと6，7桁の暗証番号を押さ
なければ開かないようになっており，裏口は開けると大きなベルとブザーが鳴
る仕組みになっている。このように，最善の設備を整えたにもかかわらず，た
またま，一階廊下の窓の網戸（当時窓ガラスは開けられサッシ網戸が閉められて
いた。窓の高さは84センチメートル程度である）のうち1つが開かれたままの状
態となっていることが，失踪の構造上の原因となった。ただ，この点で判例は
最善の設備が整っても，被告施設の建物および設備に瑕疵があるかについて判
断するまでもなく，利用者を注視するという義務を怠った場合には施設側の過
失を認定した。
　利用者が徘徊することを防ぐために施設側では，窓の施錠は外部から鍵をか

ける，暗証番号など職員以外に開閉できないようにする，警報などのブザーを設置しても，1つでも利用者が出入りできる窓によって利用者が徘徊し，外出した場合には施設側は責任を負担することになる。

しかし，ベッドから降りられないように柵をする，窓全体に鉄格子を張る，などの「空間的」拘束に伴う対策を講じることは，夜間や早朝などの人的なサービスが乏しい場合には必要であるかもしれないが，QOL（生活の質）などの視点から問題が生じる可能性が強い。

さらに，ベッドまたは車椅子に縛るなど身体拘束の対策を講じる，または，おむつ外しなどを防ぐ拘束の一種である「つなぎ服」を着用すれば，人権侵害の問題も生じる可能性がある。

裁判所としては，このような人権侵害を生ずるような身体の拘束を容認していないように思える。窓枠のところに赤外線のセンサーを設置して，危険があれば反応して，瞬時に緊急連絡が職員に伝わるシステムや，窓枠の下の部分に手すりを設けて乗り越えにくくする，窓枠に植木鉢を置いて出入りしにくくする，あるいはトイレ介助の際にその場を離れる場合には開いている窓があれば，窓を施錠するなど，可能な限り人権侵害が生じないような配慮の下に「木目細かな・手間のかかる対応」[1]が施設職員には求められるといえる。鉄格子の設置や利用者をベッドまたは車椅子に縛るなど身体拘束の対策を講じる，また，「つなぎ服」のような刑務所的な発想はなるべく控えるべきといえる。

さらに，本件事例の場合のような失語を伴う重度の老年性認知症の利用者の行動範囲を，ある程度予測できるような施設職員の能力の向上も必要であるといえる。

本判例では，施設職員の主張にありがちな，この利用者を「最後に見かけてから失踪に気付くまで3分程度」「出入口の設備はブザー，2つのアルファベットと6，7桁の暗証番号の設置，または大きなベルとブザーが鳴る仕組みになっている」，「法令等に定められた限られた適正な人員の中でデイサービスE型事業を実施している」，という主張は認められないとした。さらに，サービスの人的人数が少なくトイレの介助をしながら当該利用者を注視することは「サービスに従事している者にとって過大な負担となる」ような場合であって

も，サービスに従事している者の注意義務が軽減されるものではない，と認定した。

　女性2名のトイレ介助の際に当該利用者を見かけたとき，同人に遊戯室に戻るように促すだけではなく，当該利用者の挙動も注視する必要があった。思うに，この施設職員にとって，徘徊の可能性がある利用者がいても，出入口にはブザーや暗証番号の入力などの設備が整っているから，1，2分程度注視していなくても問題がないであろうという過信があったことは否定できない。しかも，9名の利用者に対して，施設職員は2名という人員の中では確かに要トイレ介助の女性をトイレに連れて行ったりするかたわら，当該利用者の挙動も注視しなければならないことは過大な負担ではあるが，1，2分程度であれば，当該利用者をトイレの途中まで利用者を連れて注視しながら他の女性のトイレ介助することは可能ではなかったかといえる。

　このように，今回の裁判例で介護サービス上，考えなくてはならないのは，安全上の設備がいくら設置したとしても，最後は人的サービスをどの程度費やしたかが重要といえる。この判例の事例を通じて，徘徊のおそれがあるため，注視しなければならない利用者がいる前で，その場を離れる場合には出入りができる窓が開いていないのかを，常に意識的に確認しておく必要がある。また，常時に見守り専門の職員の配置をし，ブザーなどの設備は失踪防止の最後の砦であり，福祉器機に頼ることなく，人的なサービスの向上が何よりも必要であるという発想の転換が今後必要であるといえる。

　また本件事例では，職員の過失と死亡との間の相当因果関係が認められないとして，遺族固有の慰謝料等が認容されるにとどまったが，これは施設からはるか離れた砂浜に死体となって打ち上げられるにいたった経緯は全く不明である点から，施設職員の過失と当該利用者の死との間の相当因果関係を認めることができない，としたものである。ただ，施設外で特に考えられる事故としては交通事故であるといえる。

　利用者の大半は下を見て歩行するため，交通事故の危険性が極めて高いといえる。また，今回は海岸で発見されたが，森の中や人混みの中に入れば，迷子になる可能性があるため，失踪した場合には，過去の当該利用者の行動パター

ンを分析し，捜索するルートを事前に確認するというマニュアルの整備も必要であるといえる。本件事例では，当該利用者は多人数でいる場合には，緊張して，冷や汗をかいたり，ほとんどしゃべれなくなったり，何もできなくなったりし，また，不安定になり，帰宅したがったり，廊下をうろうろすることがあり，施設職員も当該利用者の上記状態を把握していた。つまり，行動の特徴を施設側は把握していたにもかかわらず，防止できなかったといえる。この点から，事前に帰宅願望があることが予見できたのであれば，当該家族の協力を得て，徘徊した場合の行動パターンを分析することをしていれば，徘徊して，行方不明になった場合の責任まで施設側の責任は問われなかったといえる。

　今後は個人の属性の行動パターンを分析し，少ない職員の人的配置の中での合理的な方法を事前に準備しておく必要がある。具体的には，万が一に備えて，当該利用者に「迷い札」を設置して，地域住民の協力を事前にとっておくことも必要であろう。また最近では，子どもの防犯上の観点からGPS機能を利用して，今現在どこにいるのかを把握できる携帯電話がある。この機材を利用する方法もあるが，前述のように，福祉器機は最後の手段という発想が必要であろう。

〈注〉
1 ）菊池馨実『賃金と社会保障　1351号』旬報社（2003年）106頁

ケース3　介護サービス中の見守り義務違反による転倒・骨折事故

福岡地方裁判所　平成15年8月27日

平成13年（ワ）第3648号　損害賠償請求事件

『判例時報　1843号』133-143頁

1　はじめに

　本判例研究は，介護事故の裁判例を通じて，裁判所が示した判断基準から介護事故の要因と課題を分析して，今後の事故対策の教訓を引き出し，介護事故の原因を事業者全体の問題として取り上げ，今後のあるべき介護サービスの提供の改善に結び付けることが目的である。また，本件事例に類する裁判例を分析することは，今後，高齢者の介護の増加に伴い，同様の介護事故が発生した場合の行動基準や判断基準の指針となるだけでなく，サービスの質の向上に寄与できるものといえる。

　判例研究は，個別のケースについての裁判所の法解釈が示されることにより，将来の同様のケースについても，平等な取り扱いの要請から同じように解釈されるべきである，という期待が社会の中に生じ，このような期待は法的保護に値するといえる。つまり，「裁判所は法の統一性と安定性に対する社会の側の信頼を裏切らないようにするため，よほどの理由がないかぎり，過去に下された裁判所の先例を尊重し，逆にいえば，それに事実上かなり強く拘束される」[1]といえる。

　そもそも判例は，裁判官が当該事案の事実認定をするにあたっては，通常は1年以上，弁護士や検察官との弁論過程や証人による証人尋問の過程を通じて，裁判官が精査し，裁判官の良心と経験と過去の判例（先例）と社会通念にしたがって，当該事案に対して心証形成し，複数の裁判官の合議制によって判決を下す点から，判例はいわば，社会科学的視点を有するといえる。日本国憲法が改正され，または社会情勢が大きく変化する場合は別として，一度判決が下されると，今後の同種類型の事案に対しては，当該事案に関する訴訟関係者

および社会全体を拘束するといえ，判決そのものが，社会的行動規範として客観性を有する点で，社会科学的な視点をもつようになるといえよう。

　つまり，判例研究の意義は，一度，事案の解決がなされると，後の同種類型の事案に関しての裁判を事実上拘束し，国民の行動様式をも左右することになる点から，判例そのものを一般規範として位置付けることができよう。ただし，将来の類似の事件については，判決理論を適用できるか否かを検討する際には，「その事件の特殊性にも十分に注意を払う必要」[2]があろう。

　このような判例研究は，多量のデータを集め，数量化理論によって理論構築するのとは異なり，介護サービスにおける介護事故の判例研究は，質的データの収集・解析に依拠せざるを得ない理由としては，①利用者や家族は施設側に「お世話になっている」「介護サービスに伴う苦情や介護事故が生じた場合の訴訟は，今後の施設側から受ける介護サービスに影響が及ぼすのではないか」という利用者側の特有の危惧感があること，②現行法が措置制度から契約制度に移行し，利用者と施設側は，契約上は対等の関係にあり，介護事故に伴う訴訟は増加の傾向があるとはいえ，介護事故が生じて訴訟を提起しても，判決の前に和解という形式で解決するため表面化しにくいこと，③介護事故は，その特性上，利用者および施設職員を含む施設環境の性質によって極めて個別性が強いこと，④施設職員の介護サービスの提供は多種多様で，絶対的基準を設定することは極めて困難であること，⑤「社会福祉実践分野は幅広く，そこで扱われる問題も極めて多様である」[3]等があげられる。

　裁判に発展するということは，介護事故が起きたという事実のみを意味するのではなく，利用者とその家族が施設側との間で十分な情報共有と相互理解ができないために解決できなかったことを意味している。本判例研究の視点としては，質的データにならざるを得ない介護事故の裁判例を通じて，裁判所が示した事実認定，判旨を通じて，介護事故対策に必要な方法・方策を分野別に抽出し，介護事故の予防を図るとともに，利用者と家族，施設職員と第三者が事故原因の共有化を図り，介護サービスの質の体系化を図ることである。

2　事案の概要[4]

　本件事例は，当時95歳の原告が，2000年（平成12年）11月9日，被告の運営する介護サービス施設内で転倒し，右大腿骨顆上骨折の傷害を負って入院し，右下肢の4センチメートル短縮，右膝関節の屈曲拘縮による歩行不能，認知症状態の増悪の後遺障害を負ったとして，被告に対し，介護サービス契約上の安全配慮義務の債務不履行に基づき，損害賠償として慰謝料等合計1,340万円の支払および訴状送達の日の翌日である2001年10月24日から支払済みまでの民法所定の年5分の割合による遅延損害金の支払を求めた事案である。裁判所が，施設側が利用者側に支払い認めた認容金額は470万円である。

3　被告の過失の有無に関する争点[5]

〈原　告〉

　介護事業を行うものは，利用者の身体状況，とりわけ要介護認定に基づく具体的な介護計画（ケアプラン）に即して安全に介護業務を行う注意義務を有しており，原告に関するケアプランである「居宅サービス計画書」によれば，原告は，要介護状態区分として「要介護4」（要介護5が最高）に認定されており，原告に対する介護サービスにおける安全確保においては「問題行動の発生予防」と「転倒等による骨折防止」が最大の課題となっていた。

　そして，原告を誘導して昼寝をさせた畳敷きの静養室には，入口付近で床との間に40センチメートル以上の段差があり，身体機能の低下によりバランス不良にある原告のような利用者が就寝中に何らかの行動をとると，段差部分から直接床に転落して骨折事故等が発生する危険があった。本件事故が発生したこの静養室には，転落防止柵の設置やクッション材の配置といった設備上の転倒防止対策がなされていない。

　それにもかかわらず，被告従業員は，原告を静養室に誘導した後，原告を就寝させている静養室に背を向ける形で隣室のソファーに座っており，静養室の内部が完全に視線から外れていた。したがって，体を後ろに向けなければ原告の様子をうかがうことはできず，時々振り向いて「見守り」を行っていた。こ

のような「見守り方法」は，転落防止柵も備えていない段差のあるフロアに利用者を就寝させている状況においては，利用者の安全を確保する方法といえないものである。

　実際に「見守り」を行っていたはずの被告従業員は，原告の転落に至る行動に全く気付いておらず，同人が異変を感じて静養室に駆け戻ったときには，原告はすでに入口の床に転落していた。フロア上をいざって布団に入る原告の行動能力等を考えれば，相当の時間，被告従業員は「見守り」を行っていなかったというべきである。

　被告は，原告を被告施設内において昼寝などさせる場合には，寝起きの際に必要な介添えをして，その安全を確保する契約上の注意義務があるにもかかわらず，これを怠って本件事故を発生させたものである。

　〈被　告〉

　被告が原告について安全配慮義務を負うとしても，その注意義務の程度は，原告を注視し続け，一寸たりとも目を離してはいけないというほどの高度なものではない。本件事故は，原告が被告施設を利用して52回目にして初めて起きたものであり，原告の行動パターンは，自分から行動を起こすというものではなく，被告従業員等の誘導があってはじめて行動を開始するというものであった。これまでに原告が昼寝から目を覚ました後，自ら布団を離れて動き出すことはなかった。

　本件事故は，当時，原告の見守りをしていた被告従業員（以下，丁という）が，訪問者への応対に出た途端に発生したものであり，丁は，応対に時間がかかり，そうなれば当然，他の従業員に自分がいた位置での見守りを頼むつもりでいた。本件事故は，丁が見守りをしていたソファーから来客の応対に出て，来訪者が「被告施設というところは」と言った途端（離席して約15秒後），静養室から「ドスン」と音がして，駆けつけたところ原告が床に転落していたという事故である。これらの事実を総合すれば，本件において被告には予見可能性がなく，これに基づく結果回避可能性もなかった。

　また，本件事故当日の被告施設の利用者数は原告を含め7名であり，いずれも84歳から102歳の高齢で，認知症であったり，一人では転倒，骨折の危険が

ある者であった。他方，当日の従業員等は7名で，昼食後の静養時間であったため丁のほか1名が利用者の見守りを行っていた。このように各利用者ともにそれぞれ問題を抱えており，原告一人を常時目を離さずに見守りすればよいという状況ではなく，また，上述のとおり，原告が昼寝から目覚めて動き出すということは全く予想できなかったのであるから，被告の体制に不足はなく，被告に注意義務違反は認められない。

　原告は，後ろ向きの見守りを問題視するが，丁が座っていた位置と静養室の段差まではわずか2メートルであり，原告が万が一起き出して移動しようとすれば，その変化や物音を十分に感知できる状態であった。

　また，静養室の段差は，40センチメートルあるが，利用者にとっては，直接畳（段の上）に上がったり，畳から直接下りるには高すぎるので，利用者は，上がるときも，下りるときもいったん座ってからということになる。このようにして，利用者の安全は確保されており，静養室は，合理的な考慮に基づいて作られたもので，構造上の問題点はない。

4　裁判所の判断―被告の過失の有無

　原告は，本件当時95歳で，両膝関節に変形性関節症を有しており，独立歩行は困難であったが，物につかまるなどしての歩行が可能であり，被告施設においても尿意を催すと自らトイレを探して歩行することがあったこと，風船バレーのレクリエーションでは張り切って立ち上がることが何度もあったこと，また，昼寝していた布団やベッドで上半身を起こすこともあったこと，いざって移動することもできたこと，2000年9月，10月には，D医院に多数回通院しているが，これは他方で，原告の運動量が増えたことがうかがわれること，原告は，被告施設の利用を開始した当初，認知症等のため，意思の伝達が困難であったが，次第に被告従業員にも話をするようになり，気の合う利用者とも話をするようになっていたこと，食事についても，被告施設において，自ら箸をとるようにもなったことがそれぞれ認められ，原告は，限定的ではあるが，自力で移動する能力があり，被告施設を利用するようになってからは，活動性を増しており，そうした中で本件事故が発生したものである。

　他方で，本件事故当時の被告施設での原告の介護状況をみると，前記認定のとおり，本件事故時は，昼食後の静養時間であり，被介護者は，原告を入れて7名，これに対する介護者は2名であった。原告は，静養室において昼寝をしていたが，介護者である丁は静養室の隣室で原告に背を向けてソファーに座っており，時折後ろを振り返り，原告の様子をうかがっていたこと，静養室の内部は，丁からは死角となっており，原告の動静は全く見えなかったこと，原告は，丁が気付かない間に，布団から起き出し，静養室の入口付近まで移動し，約40センチメートルある段差から落ちて，右大腿骨顆上骨折の傷害を負ったこと，その間丁は，訪問者が訪れて席を立ち，その際，原告の状況を確認しなかったこと，原告に声をかけなかったこと，丁が席を立ってしばらくした後に本件事故が発生したことが，それぞれ認められる。

　ところで，通所介護契約は，事業者が利用者に対し，介護保険法の趣旨にしたがって利用者が可能な限りその居宅において，その有する能力に応じた自立した日常生活を営むことができるよう通所介護サービスを提供し，利用者は事業者に対しそのサービスに対する料金を支払うというものであるところ（本事案契約書1条），同契約の利用者は，高齢等で精神的，肉体的に障害を有し，自宅で自立した生活を営むことが困難な者を予定しており，事業者は，そのような利用者の状況を把握し，自立した日常生活を営むことができるよう介護を提供するとともに，事業者が認識した利用者の障害を前提に，安全に介護を施す義務があるというべきである。

　前記認定のとおり，原告は，本件事故当時95歳と高齢であり，両膝関節変形性関節症を有しており，歩行に困難をきたすとともに，転倒の危険があり，このことは，通所介護の開始にあたって示された居宅サービス計画書および原告からの書面で被告には知らされていた。

　本件事故までに，被告は，原告の52回にわたる被告施設の利用状況およびその記録から，原告の被告施設内での活動状況を把握しており，それによれば，原告は，風船バレーのレクリエーションでは立ち上がることもあり，尿意を催すと自らトイレを探し，物につかまるなどして歩行を開始することがあった。前記のとおり，原告は，通所介護を重ねていくことにより，活動能力が回

復してきたことがうかがわれ，さらに，布団で寝て上体から起き上がること，そこから一人でいざって移動することもできた。

なお，証人丁は，玄関に行く前に，原告の様子を見たところ，原告はまだ眠っていた旨供述するが，証人丁の供述によれば，丁が来客への対応に行ってから，静養室で音がするまでは，15秒ないし20秒しか経っていなかったのであり，前記認定の原告の年齢，身体的能力，訴訟前に被告から原告代理人に送付された事故当時の記録が書き換えられたものであったことに鑑みると，同証言は採用できない。

以上の諸点に鑑みれば，原告が，静養室での昼寝の最中に尿意を催すなどして，起き上がり，移動することは予見可能であった。さらに，居宅サービス計画書にあるとおり，原告は，視力障害があり，認知症もあったのだから，静養室入口の段差から転落するおそれもあったと言わざるを得ず，この点についても被告は予見可能であった。

そして，本件事故時，被告従業員は，原告に背を向けてソファーに座っており，原告の細かな動静を十分に把握できる状態にはなく，さらに，原告の状態を確認することなく，他の被告従業員に静養室近くでの「見守り」を引継ぐこともなく，席を外して，玄関に移動してしまい，他の被告従業員は，本件事故が発生した静養室が死角となる位置で「見守り」をしていたのであるから，原告が目を覚まし移動を開始したことについても，気付く状況になく，当然，原告の寝起きの際に必要な介護もしなかった。

そうすると，本件事故は，被告が，原告の動静を見守った上で，昼寝から目覚めた際に必要な介護を怠った過失により発生したと言わざるを得ず，被告には，本件事故により原告に発生した損害を賠償する責任がある。

5　判旨の具体的検討

（1）構造上の問題点

本来施設は，利用者の生活の場であるため，利用者にとって施設の生活空間としての快適性，安全性への配慮と同時に，残存能力の活用や自立性への配慮が必要である。一方，施設職員にとっても，仕事の能率性・効率性，快適性へ

の配慮があれば利用者への安全性の配慮が一層充実できるといえる。このように，利用者の配慮と同時に職員の配慮こそが，施設内の事故を減らすためには必要不可欠である。生活の場である施設において，建物の内部や備品類の設置や維持管理の充実は，利用者の事故のリスクを軽減し，一方で，施設職員の負担を減らせる，といえる。そのためには施設管理にはどのような配慮が必要であるか，裁判例から検討する。

　この点，本事例における原告側の主張では「原告を誘導して昼寝をさせた畳敷きの静養室には，入口付近で床との間に40センチメートル以上の段差があり，転落防止柵の設置やクッション材の配置といった設備上の転倒防止対策がなされていない」という主張に対して，被告側は「静養室の段差は，40センチメートルあるが，利用者にとっては，直接畳（段の上）に上がったり，畳から直接下りるには高すぎるので，利用者は，上がるときも，下りるときもいったん座ってからということになる。このようにして，利用者の安全は確保されており，静養室は，合理的な考慮に基づいて作られたもので，構造上の問題点はない」と指摘した。

　この点においては，被告は40センチメートルの段差をいったん座ってから下りるということを前提として利用者の安全を確保していると主張しているが，なぜ，建物の構造上のバリアをなくし，床材をクッション性のあるものに換える努力をしなかったのかという問題点が指摘できる。原告は活動性を増していて，自立の過程で転倒の危険性があるにもかかわらず，転倒しても受傷に至らない工夫をしなかった施設側の責任は大きいといえる。

　利用者のもつ残存能力を最大限に生かし，自由で安全に過ごすことができるように支援することが本来の施設の基本理念である。本件事例において，施設側が，転倒・転落事故防止策を講じていないということ自体が利用者の残存能力を活用して，少しでも自分のことは自分の力で行うという施設サービス提供者の基本理念を軽視しているといえる。

　利用者の自己決定を尊重し，残存能力を活用することは，社会福祉法第3条の「個人の尊厳の保持を旨とし，（中略），その有する能力に応じ自立した日常生活を営むことができるように支援するものとして，良質かつ適切なものでな

ければならない」という理念が重要である。つまり，このことは，「サービスの自己選択・自己決定といった個人の尊厳，人間性の尊重という考え方，生活の質（QOL），ノーマライゼーションの考え方につながる」[6]といえる。サービス利用者の身体機能の障害の種類，程度，その人のADL（日常生活動作）だけに着目し，同じような属性に有した個人を同一のサービス基準に当てはめてサービス提供するだけではなく，利用者個々人のニーズを丁寧にみるという視点が重要といえる。つまり，「サービス利用者個々人，あるいは，その家族を丁寧に個別にそのニーズを評価すると同時にサービス提供のあり方も集団的，画一的提供だけではなく，利用者や家族の『必要と求めと合意』に応じて，個別援助方針を立てる」[7]ことが必要といえる。サービスを必要としている人や家族がどのような人生観をもち，どのような生き方を望んでいるかを分析する視点として，判例が示した視点と枠組みも参考になるといえよう。

　この利用者や家族の「必要と求めと合意」においても，利用者と家族と施設側という三者の価値基準の相違も認識する必要がある。このことを介護事故の事例に当てはめれば，介護事故をなくし安全確保を重視するために，家族と施設側が利用者の身体拘束および流動食などの生きる価値を否定すれば，事故が起きないことになるが個人の尊厳を否定することになる。一方で，利用者の残存能力を活かし，自己決定を尊重するのであれば，介護事故の危険性に，よりつながりやすくなる。個人の尊厳と介護事故の予防のバランス感覚をどのように図るかが，判例研究の視点と枠組みといえる。

　また，利用者や家族の「必要と求めと合意」においても施設側にお世話になっている，という配慮から，サービスの申し出に対して遠慮がちになりやすいことから，利用者や家族の「必要と求めと合意」という主観的な判断だけで，サービスの提供をするだけではなく，医師の診断や，福祉機器を使った客観的なデータ，コンピュータを使った科学的方法を基づいて，利用者のニーズを把握するという視点も重要といえる。さらに，"心"のサービスメニューとして利用者に臨床美術，園芸療法，ペット療法，音楽療法など準備や，メニューから利用者の問題状況に合わせた対応をし，心理的反応に応じて，利用者の問題点を把握することも必要であろう。ただし，「社会的生活支援ニーズの認定の

基準は，常にニーズそれ自体の実態やニーズの担う生活者本人，関係者，専門家などによるチェックや評価によって改革されていかなければならない」[8]といえる。

　ここで，法的な観点から介護職の専門職化の意味についてであるが，「介護職が専門家として認知され，専門職としての地位を確立すればするほど，医療職に準じて，損害賠償責任を基礎付ける注意義務の基準が引き上げられる可能性が高くなる」[9]という問題点が生じることになろう。判例という先例を学ぶことは，介護職として介護事故が生じた場合には，損害賠償責任という責任が問われるという覚悟，自覚があるか，にかかわってくるといえよう。

　本件事例から学ぶべきことは，高齢者である利用者の身体的機能および心理的特性を踏まえた快適性，自立性，そして安全性という3要素のバランスがとれた施設環境づくりが必要であるという点である。利用者にとって住み慣れた自宅から介護施設に移ること自体，心理的負担，精神的負担がかなり増加することになる。例えばトイレに行く場合でも，自宅のトイレとは場所が異なるため道に迷ってしまうと，トイレに行く途中で今まで経験のない失禁をしたりする可能性がある。また，本件事例のように，施設職員が短時間目を離した隙に，利用者が段差から転落してしまうことがある。新しい環境に対する心理的・精神的負担を軽減する施設管理におけるリスクマネジメントとは「施設の建物や設備などの物的資源を十分に活用しうる環境の中で利用者の自立を促し，利用者の安心できる場所で生きている喜びを実感することであり，介護者は物的資源の適切な活用のもとで業務負担の軽減を図り，利用者にゆとりをもってかかわること」[10]である。

　施設は本来利用者にとって生活の場であり，その生活が「自由」であることが保障されてこそ個人の尊厳が保持できるのである。介護事故の予防を過度に強調し過ぎると，自由を拘束されることになり，人間の防衛本能である無気力，無感動，無表情を呼び起こすことにつながるといえる。利用者にとっての生活の場には，本来，規則は存在しないはずである。生活の場に存在するのは，個人の習慣や自己規制であり，施設側としては，規則は，施設側の都合で作られるものであることを認識して規則を作成すべきであり，利用者が施設職

員個人と同じような生活をするためには，どのような生活が必要であるのか，発想することが重要である。具体的には，施設側が「個人によって就寝時間や起床時間は違うのに一律に消灯や起床の時間を決めたり，生理的要求が違うのに一律におむつ交換をすること」[11]は利用者の無気力，無感動，無表情を呼ぶものといえよう。

（2）見守りについて

　見守りについて原告は，被告従業員は原告を就寝させている静養室に背を向ける形で隣室のソファーに座っており，静養室の内部が完全に視線から外れていた点を主張する。

　これに対して被告は原告を注視し続け，一寸たりとも目を離してはいけないというほどの高度なものではなく，本件事故は，原告が被告施設を利用して52回目にして初めて起きたものであり，これまでに原告が昼寝から目を覚ました後，自ら布団を離れて動き出すことはなかったと主張している。

　施設職員が，来客応対に時間がかかりそうになれば，当然，他の従業員に自分がいた位置での見守りを頼むつもりでいた。離席して約15秒後の事故であるが，この15秒後の点については介護記録の改ざんの指摘がなされた。また，本件事故当日の被告施設の利用者数は原告を含め7名であり，いずれも当時84～102歳の高齢で，認知症であったり，一人では転倒，骨折の危険がある者であったため，原告一人を常時目を離さずに見守りをすることができるという状況ではなかった。原告は，後ろ向きの見守りを問題視するが，施設職員がいた位置と静養室の段差まではわずか2メートルであり，原告が万が一起き出して移動しようとすれば，その変化や物音を十分に感知できる状態であった。

　この点については，「52回目にして初めて」「離席して約15秒後の事故」「転倒，骨折するおそれがあるものが他に6名もいる」「距離が2メートル」という事故状況をどのように解釈するかが問題といえる。施設側としては，転倒，骨折するおそれのある他の利用者が6名いる中で，当該利用者一人のために，ほんのわずかな時間，目を離してはいけないのか，このような場合でも施設側が事故責任を負うのであれば，身体拘束しか改善策はないのであろうか，という疑問点が生じてくる。転倒・転落防止という名の下に，利用者の「行動抑

制」が行われるようになる。

　思うに，判旨では，利用者の介護に携わる職員の注意義務は特段の事情のない限り，原告を注視し続け一寸たりとも目を離してはいけないというほど高度なものを要求していないと思われる。ただ，原告が顕著な外部的徴表により異常を示した場合には即座に気付いて対応し得る程度のものが要求されているものと思われ，原告の見守りから完全に視線を外したことは，2メートルの距離とはいえ，原告が音を立てるなどの顕著な外部的徴表により異常を示したとしても気付くことは困難な状況であったことも否定できない。

　ところで，社会福祉施設には高度の水準の注意義務が要求されるといっても，常に最高，最善の結果回避義務を課すことは不可能である。施設において利用者がベッドから転倒しないように，施設職員が常時監視すべき義務があることになりかねない。異常があれば気が付く場所に施設職員が常駐している上に，短時間目を離した場合でも，当該利用者が閑静な場所において，利用者のわずかな物音でも聞き取れる程度の静寂感があった場合には，施設職員が利用者のわずかな物音にも気が付くので，常時に監視していなくとも，直ちに監視義務を怠った過失があるということはできないといえる。

　ただ，要介護4の原告は昼寝していた布団やベッドで上半身を起こすこともあったこと，いざって移動することもできたこと，限定的ではあるが，自力で移動する能力があり，被告施設を利用するようになってからは，活動性を増しており，自分で起き上がり，ベッドから転倒する可能性があること等があれば，介護に携わる者としては常にそのことを念頭において介護にあたるべき注意義務があったことは否定できない。実際に利用者の転倒，骨折という重大な結果が生じた場合でも，施設側に責任がないと認められるためには，施設側に安全配慮を尽くしたということを立証する必要がある。

　そのためには，例えば，利用者の睡眠中には合理的と考えられる監視を行っていること，利用者が目がさめて起き上がろうしたときにその様子がうかがえる場所に施設職員が常駐していること，来客などで見守りができない場合でも，見守りの引継ぎなどの職員間の声かけなどが現実になされたこと，利用者が転倒，骨折したときの対処方法に誤りがないことなどの事実を明らかにする

ことが必要といえる。

　今後は，施設内の職務規程や原告の介護方法の詳しいマニュアルを作成するなど，「ヒヤリ・ハット」した項目を職員間で共有し，日頃から安全配慮を尽くしていることが第三者の目からも明らかになるように，人的・物的な環境を整備する必要がある。このような「ヒヤリ・ハット」が事故として顕在化したときその事故を防止するためには，事故に対する「知識や技術のレベルを常に向上させること，介護サービスを提供している現場にその情報を常にフィードバックしていくこと，それらのチェック（評価）する機能を備えていること」[12]が必要である。

　また，裁判所は施設側の事故当時の記録の改ざん点を指摘している。つまり，施設職員が，原告が寝ているのを確認してから，来客への対応に行く15秒から20秒間で，原告が起き上がり，転倒するとは原告の年齢，身体的能力を考えれば考えにくいという点である。

　この点で正確な記録の存在が重要といえる。施設職員は，日々の業務遂行で精一杯のため，事務的な業務に時間をとれないのが現状といえる。記録は今回のように，事故が生じた場合の重要な証拠となるため，明確な記録が残っていることが，訴訟の有利な展開で重要といえる。施設職員としては，見守りをしていなかった時間を短時間という表現で示したかったのであろうが，職員が昼寝を確認してから，20秒以内で要介護4の原告が起き上がって，転倒することは不可能に近いといえる。この点が裁判所としては施設側の主張の不信感を抱いた背景であるといえる。今回のように数字の誤りは致命的である。記録の内容全体の信頼性が損なわれる可能性があるからである。裁判所としては，本当に「2メートル以内なのか」「引き継ぐことなく，この原告以外に他の利用者の援助をしなくてはいけなかったのか」という他の証言全体に不信感を抱いたに違いないと推測される。記録の書き方としては，不明な点は不明，または読み手によっては解釈が分かれる記録は問題が生じる可能性がある。「いつ，どこで，だれが，何を，どのように」という，5W1Hを明確にする必要がある。

　また，記録の共有化の点も重要である。記録が体系的になされていれば，職

員間の連携もスムーズに進むといえる。具体的にはパソコンに記録を保存して，Ｅメールなどのネットワークを活用して効率的に情報の共有化を図るべきと思われる。カルテなどの紙の資料だけでは，何か問題が生じたときに，膨大な記録資料から，迅速に職員全員が問題を把握することは困難といえるからである。

　このように，日頃から介護に関する記録を整理しておくことは，良質な福祉サービスを提供するためという本来の目的だけではなく，安全配慮義務を尽くしているということを明らかにする方法としても必要であるといえる。

（3）事故後の状況

　事故後の状況においては，原告は，静養室入口付近の段差にやや背を向け，膝を少し曲げた状態で尻をついて座り，「痛い，痛い」と言っていた。施設職員2人が，原告を静養室の畳の上に一緒に抱え上げ，原告のバイタルチェックや軟膏を塗ったりと応急処置をした。そして，原告をシーツでくるんで車に乗せ，Ｄ医院に連れていった。家族は，原告の帰りが遅いので，被告施設に電話をかけたところ，原告が骨折してＤ医院から，Ｆ町立の病院に移ったと聞いた，とある。

　この点においても，なぜ事故が生じたときに施設長に指示を受けなかったのか，という点も問題であるが，一番の問題点は，原告の家族から施設側に連絡して初めて原告の家族が事故のことを知った点であり，それが訴訟という事態にまで発展した理由ではないかといえる。つまり，家族への連絡が遅れたという点が家族に対する不信感を増大させたといえる。悪い報告は家族に後回しにしていなかったのか，施設側に不利なことは利用者家族から隠そうとしていたのではないか，という点がこの裁判事例の問題点であるといえる。

　まず事故が生じたときは，家族への連絡は他の関係機関と同時併行で実施されるべきである。その場合には，責任追及を恐れて，事実を伝えないことではなく，対応窓口を一本化して，最も慎重な対応が望まれるといえる。事故の内容や原因を家族が納得できるように説明しているのか，原因がわからなくても，必ず調査を実施して，調査内容や判明時期などを説明しているのか，ということが必要といえる。ただ，ここでは家族側の主張を全面的に受け入れるの

ではなく，できる限り誠意をもって冷静に対応することが必要である。内容が不明であやふやな場合には，一度持ち帰って検討することも重要といえる。また，当事者だけではなく，弁護士や大学教員，医師，看護師，保険会社などの他の関係機関との連携を図って複数で交渉に臨むことも大切といえる。家族が感情的になっている場合が多いため，直接の当事者ではなく別の担当者が交渉する，または，事故現場である施設ではなく別の場所で交渉をするなどの方策も必要といえる。

（4）利用者が負傷した場合の施設の法的責任

　このように，介護サービスで事故が生じた場合には施設の介護職・サービス事業者は民事責任，刑事責任，行政上の責任という3つの責任を負う可能性がある。民事責任は被害者に対して負うべき責任であり，金銭による損害賠償が原則である。刑事責任としては，従業員の過失により利用者の生命身体に損害が生じた場合，業務上過失致死，業務上過失致傷（刑法第211条）などの責任を問われる。行政上の責任としては，所轄庁の都道府県から事業者へペナルティが課せられる。

　つまり，社会福祉法第56条によれば，都道府県は，社会福祉法人の運営が著しく適正を欠くと認める場合には，当該社会福祉法人に対して，期限を定めて必要な措置をとるべくその旨を命じること，その命令に従わない場合は，業務の停止や役員の解職勧告ができる権限が付与されている。また，同法第72条では，都道府県知事は社会福祉事業者がその事業に関し不当に営利を図り，もしくは福祉サービスの提供を受ける者の処遇につき不当な行為をしたときは，事業の制限，停止，許可の取消しの権限を付与している。行政上の責任は，同種の事故を反復継続した場合や，事故の内容や原因が悪質な場合には，行政上の責任が問われる可能性がある。

　ここで，利用者および利用者家族との間で問題となる可能性が高いのが「民事責任」である。利用者の事故について民法上の賠償責任を追及するための根拠としては，主なものに不法行為責任（民法第709条以下）と債務不履行責任（民法第415条）がある。両者とも，事業者の側で当然に尽くすべき注意義務を果たさなかった場合に，責任が認められる。では，どのような観点で責任が認

　められるかというと，利用者に事故が発生するという「結果」について，予見することができたかどうか，そして事業者の側に予見する義務があったかどうか（結果予見義務）が第一の判断の基準になる。次に，利用者の事故という結果について，回避できる可能性があったかどうか，そして事業者の側に回避する義務があったかどうか（結果回避義務）が第二の判断の基準になる。つまり，責任の内容は，事故（危険）の予測が可能であったこと（結果予見義務），および事故の結果を職員が注意すれば回避できたこと（結果回避義務）が前提になる。

　これを介護サービス等の提供に照らしてみると，結果の予見義務の問題とは，利用者に対していかに適切な個別のアセスメントを行い，利用者の心身の状況とリスクをどの程度把握していたかが問題となる。適切なアセスメントをしていれば，知り得たであろう心身の状況やリスクを把握できたのであり，それを怠り，それらを把握していない場合には結果として事故が起きれば，責任が問われることになる。つまり，この事故は予想できたものであるのか，ということである。

　また，結果の回避義務の問題とは，上記のような適切なアセスメントを実施して，利用者の状況を把握した上で，それに対応した必要なサービスの提供やリスクへの適切な対応を行ったか，行うことができるものであったかが問われることになる。つまり，事故を回避するためにどのような方法が考えられ，実行していたのか，ということである。

　本事案の裁判例から導かれる教訓は，「当該要介護者の一般的能力や性質等を前提に，当該施設で把握できていた行動傾向や同種事故経験，及び，事故直前の予兆に注意を払うべきであり，それによって事故発生の高度ないし具体的危険が認められる場合には，回避義務が高度のものとなる」[13]といえる。

（5）今後の施設運営に求められる人権意識

　本件事例では，短時間の見守り義務違反で，施設側に470万円の損害賠償責任を命じた，ということを施設関係者が先例として認識することは，同種類型の事故予防の指針となる点で重要な意義があるといえる。ただ，この事例を認識した介護サービスの関係者が利用者の同様な介護事故を防止するために，利用者から目を離す場合には，身体拘束をするという，安易な道を選択する可能

性がある。そもそも，利用者は独立した人格的存在として尊重することが必要である。日本国憲法第13条では，「すべて国民は，個人として尊重される」と規定されている。この理念は，どのような人でも，人間として生きる価値がある点ではみな平等であり，また，人と違うことはすばらしいことを示している。つまり，有能で価値判断の優れた人物だけで構成された社会は，成り立たないことを示しているといえる。いわゆる属性別に分類される障害者，高齢者，子どもなど，いろいろな人がいてこそ，社会が成り立つのである。同じく日本国憲法第13条では幸福追求権を権利として尊重している。このことは，人は幸福を追い求めるプロセスの中で自己決定権を有し，これを憲法が保障しているといえよう。

　個人の尊厳は，人はだれであろうと一人ひとりの具体的な人間として人格的に自立した存在として最大限尊重されなければならないことを示しているといえる。福祉施設の利用者は一方的に保護すべき存在として捉えるのではなく「人格的に対等で，様々なサービスを自己決定権に基づいて選択し，人間として独立した人格的に価値のある存在」として尊重する，という視点こそが，介護事故裁判例の視点と枠組みといえよう。ただ，自己決定権を尊重した支援を行うという仕事は，利用者の意思や意向を確認することを含めて非常に時間のかかる「曲芸的仕事」[14]といえよう。このような「曲芸的仕事」を福祉サービスの質を高めていくための一手段として捉え，「博愛の精神」[15]を体現できる視点こそが今後求められるサービスの質であろう。

〈注〉

1）井田良「刑法と判例と学説」『法学教室』有斐閣（1999年）17頁
2）滝沢昌彦「過去の事実から将来のルールへ」『法学教室』有斐閣（1999年）14頁　この点，団藤重光『法学の基礎』有斐閣（1998年）16頁においては，判例の拘束力は法的安定性および法における平等という法そのものの根本的要請に基づくものである，と論じている。
3）根元博司「理論構築のための事例研究の方法」『ソーシャルワーク研究　Vol.26』相川書房（2000年）12頁　この点，根本は，ソーシャルワーク過程は疑いもなく，一つの社会的実態であり，実態があるのだから，その性質を解明し，有効な援助方法・技術を整理する必要性を説いた上で，科学的手順によってその実態を観察し，質的データを収集し，それを科学的な思考法によって分析・整理しなければならない，としている。このことは，判例研究においても，判例の先例としての拘束性を分析する視点としては同様のことがいえよう。

4）『判例時報　1843号』133-143頁

5）前掲書4）133-143頁

6）大橋謙策「コミュニティソーシャルワークの機能と必要性」『長崎県地域福祉実践研究セミナー報告集』（2006年）42頁

7）大橋謙策・前掲書6）42頁　大橋は，地域での自立生活の支援を必要としている家族の中には，その家族成員に認知症性高齢者や，うつ病の息子がいるといった多問題を抱える家族に対して，一人のソーシャルワーカーが全体をマネジメントとして援助するためにも，ジェネラルソーシャルワーカーが必要であり，時には，それら多問題を抱えている家族に対し，複数のスペシフィックソーシャルワーカーがチームを組んでアプローチをする場合があるが，基本的には一つの家庭には一人のソーシャルワーカーがジェネラルソーシャルワーク理論に基づきケアマネジメントを行うことが必要である，と論じている。このことは，一人のソーシャルワーカーが家族全体の相談窓口の中心となって各機関と連携を組むことを示しているといえる。高齢者，障害者，児童の問題が複合的に絡みあっている場合には，相談者が各相談窓口に何度も足を運び相談するという煩雑さを避ける意味でも有用である。

8）古川孝順『社会福祉原論　第2版』誠信書房（2005年）137頁　古川は，社会的生活支援ニーズの形成や存在に関して，誰がそのことを認識し，解決や改善に向けて行動する主体となるのかという問題に関して，社会的生活支援ニーズの形成を認識し，その充足（解決，改善，緩和，軽減）を求めて行動する最初の主体は，通常は社会的生活支援ニーズを担う生活者本人やその家族，支援者などの関係者であるとしている。そのため，国家によって設定されている利用者基準のガイドラインや自治体の策定する実施基準の内容は，それぞれのレベルにおいて政治的，経済的，社会的，さらには文化的などのさまざまな要因によって規定されているのが常であり，必ずしも，社会的生活支援ニーズを担う人々，つまり，生活者本人や関係者との期待と一致しているわけではないと論じている。このことは，サービスを提供するにあたっては，国家や自治体が設定した制度そのものだけに頼り，利用者に対して画一的・均一的なサービス提供だけをするのではなく，利用者の特性にあったサービス提供が求められることを示しているといえよう。

9）菊池馨実『介護事故関連裁判例からみたリスクマネジメント』旬報社（2005年）205頁　菊池は，介護事故を予防する上で，現在の介護職・福祉職の資格制度，教育制度で十分であるのか，という問題提起をしている。

10）藤原道子『介護事故とリスクマネジメント』あけび書房（2004年）54頁　利用者の自立した快適で安全な生活を確保するためには，介護者である職員の仕事の安全性確保のための施設環境を整えることが必要であり，介護者と被介護者の共存可能な環境の確保という視点が必要であるといえる。

11）河内正広『トータルケア』学文社（2003年）22頁　施設職員が利用者の年齢にならないと実感できないからケアできないというのではなく，施設職員個人との共通点である通常者としての「生活」を利用者との共通項に考えて，障害の有無・年齢差を意識させない思考こそが施設側がもつべき「自分の生活」の視点であると論じている。

12）柴尾慶次『介護事故とリスクマネジメント』中央法規（2002年）55頁　「カン，コツ，ケイケン」に頼っていた介護の現場にとって，「その根拠となる情報を集めるという科学性」「使うという再現性」「作るという共有化」の視点の必要性を論じた上で，施設環境，人的配置が施設ごとに異なることを認識した上での基礎となるデータ（エビデンス）を確立することが重要である。このことは，ある施設で成功したことを，他の施設で直輸入的に導入すべきではないことを示しているといえる。

13）近藤厚志『介護事故とリスクマネジメント』あけび書房（2004年）31頁　この点，本判決で

は，通所介護の開始にあたって示された本件事故当時95歳と高齢であり，両膝関節変形性関節症を有しており，歩行に困難をきたすとともに転倒の危険があることを施設側に書面で知らされていた。また，施設側は，利用者が一定の範囲で活動能力を回復してきたことを認識できる状況であった等の総合的判断から，利用者に事故直前の転倒の予兆がなくても，施設側に結果予見義務が認められる場合があることを示しているといえる。

14）平田厚『社会福祉法人・福祉施設のための実践・リスクマネジメント』全国社会福祉協議会（2002年）25頁　弁護士である平田は，「適応主義的な指導，訓練至上主義」においては，施設や職員が「利用者のために最善である」と勝手に判断すること自体に，人権侵害が生じる危険性があることを示している。このことは，利用者の意向を無視した勝手な代行的判断を慎重にするべきことを示している。本来，施設サービスにおけるリスクマネジメントは一般企業や医療のリスクマネジメントとは異なり，利用者の自由を確保して，利用者の人間としての尊厳を保障すると同時に，介護事故を生じさせないようにする，という二律背反の困難な取り組みである。身体拘束をすれば，転倒・骨折事故は生じ得ない，ミキサー食にすれば，誤嚥事故が生じ得ないように，利用者の人間としての自由を否定すれば事故は生じ得ない，といえる。リスクマネジメントに取組むことこそ人間としての尊厳保障，つまり，究極的にはサービスの質の向上につながるといえよう。「個人の尊厳」と「安心の提供」の調和をいかにはかり，介護事故前の予防対策と事故後の管理対策の双方の視点から，判例を分析することが重要といえよう。

15）大橋謙策「21世紀を『博愛の世紀』に」福祉新聞（2002年）　大橋は，21世紀に求められているネットワーキング型ヨコ社会の一つの具現化の方向を示すものとして1789年のフランス市民革命が理念として掲げた「自由・平等・博愛」の「博愛」の精神は，富める者の恣意に基づき貧しい者に対して行う慈善事業とは異なり，個人の尊厳を保障する自由と平等を担保していくためにも必要な概念であり，社会的責務としての人間愛である博愛の精神の行使と平等な関係にある人々の友愛・連帯を希求することが重要である，としている。このことは，施設職員として，博愛の精神をもつことは個人の尊厳を保障するためのイマジネーション能力の向上が求められる。つまり，利用者にとって当該サービスが本当に適切なサービスであるのか，介護事故の場合には，利用者がいる場から離れることは，短時間でも，転倒する可能性が生じる物的要因はないのか，利用者から目を離したらどのような事故が生じ得るのか，見守りの引継ぎをしなくてもいいのか，という利用者から介護事故を守るというイマジネーション能力の構築が博愛の精神には求められるといえよう。

ケース4　老人保健施設における転落死亡事件

東京地方裁判所　平成12年6月7日

平成9年（ワ）第19373号　損害賠償請求事件（確定）

『賃金と社会保障　1280号』14-21頁

1　事案の概要

　本事案は，老人保健施設に入所していた女性（当時70歳，全盲，認知症の症状あり）が三階居室から落下して死亡したのは，施設職員が適切な介護・看護

の措置を怠ったことによるとして，女性の内縁の夫が施設側に慰謝料の賠償を求め，判決は請求1,000万円に対し600万円を認容した[1]事案である。本事案の争点は，①全盲で認知症の70歳の女性が興奮したので，心身の鎮静化を図るために，三階の別室に移動させた場合に，施設側にはどのような安全配慮義務が生じるか。②施設職員が当該利用者をなだめようとして声をかければ，一層興奮し，暴力を振るい，他の入居者とのトラブルが再発し，あるいは他の入居者の介護に支障が出るおそれがあったため，施設職員は，当該利用者を寝具がない別室に移動させた上，当該利用者を刺激しないように声をかけずに同人の落ち着くのを待ったという施設側の行為に対しては過失認定がなされるのか。③施設職員にとって，全盲の高齢女性である当該利用者が，移動させられた別室の出入口から外に出ようとせず，施錠してある三階の別室の窓を開けて，その付近にあった本件家具等を利用して外へ出た上フェンスを越えて施設外に出ることを予見することは可能であろうか，という点である。

　以下，判決の争点，原告の主張，被告の主張，裁判所の判断を踏まえて，判旨を具体的に検討する。

　〈事実の概要〉

　本件は，原告が，被告に対し，原告の内縁の妻が被告の経営する老人保健施設に入居していた際，同人が三階居室から落下して死亡したことについて，その原因が被告の職員において適切な介護・看護の措置を怠ったことによるものであるとして，使用者責任に基づき，慰謝料の賠償を求めた事案である。

　亡O・R子（当時70歳。以下「R子」という）は，1982年（昭和57年）頃から，網膜色素変性症に罹患し，1990年（平成2年）頃には全盲になり，食事，衣服の着脱，入浴，排泄等，身の回り全般にわたり介護が必要となり，原告やホームヘルパーが同人を介護していた。R子は，その実子Kの手配により，1997年（平成9年）2月28日，本件施設に入所した。R子の起居していた部屋は，本件建物三階にある4人部屋の304号室である。

　本件施設の1997年3月19日夜から同月20日朝まで（以下，この時間帯を「当夜」という）の看護担当職員は，本件建物の二階担当の看護師（以下「当直看護師」という）および三階を担当する被告従業員である介護福祉士E・Y（以下

「Y」という）であった。三階には，当時16, 7名の入居者がいた。Yは，304号室においてR子と同室者の丙とが始めた口論が収まらず，R子が興奮して大声をあげるため，R子を310号室に連れて行き，同室にあったベッド上に座らせた。R子は，翌日早朝頃，310号室の北側窓（以下「本件窓」という）の窓付近の目隠しフェンス設置部分から転落した（以下，この転落を「本件事故」という）。R子は，本件事故により，両側大腿骨開放骨折の傷害を負い，甲病院に運ばれ，医師丁の処置を経た後，午前6時頃，戊病院に転送されたが，同日8時26分頃，出血性ショックにより死亡した。本件事故当時，310号室には，入居者はなかった。310号室の当時の状況は，ベッドは，入口正面とその奥に一台ずつ，入口を入って右奥に一台あり，いずれも布団は敷かれていなかった。また，本件窓の手前には，高さ約80センチメートルの収納ラック（以下「本件家具」という）および押入タンスがあった。本件窓の状況は，別紙二，三（掲載略）のとおりであり，窓の外側には高さ数十センチメートルのフェンスが設置されていた。

2 争点における原告・被告の主張と判旨

〈原　告〉

　R子は，本件施設において，たびたび興奮状態に陥り，精神的不安を募らせ，介護職員に対し家に帰りたいと述べていた。R子は，当夜午後9時30分頃，自宅に「帰る」と言い，Yに説得され，304号室で横になったが，当夜午後10時頃，同室の丙がうるさいと興奮し，大声をあげ始めた。Yは，他の入所者の迷惑になるため，当直看護師の指示により，同日午後10時30分頃から同日午後11時頃までの間に，310号室に移動させ，同室内のベッド上に座らせた後，同人を残して室外に出，他の入所者の介護にあたった。Yは，仕事の合間にR子の様子を見に行っていたが，R子は，1, 2時間ほど叫び続けた後，同月20日午前零時頃，叫ぶのを止めて静かになり，ベッドから立ち上がって歩き回ったり，座ったりすることを繰り返した。R子は，しばらく後にはベッドに座っていたが，当夜午前3時30分頃，窓を開けてこれによじ上り，出窓のフェンスを乗り越えて転落し，当夜午前4時30分頃，窓の下の地面に転落

した状態で発見された。R子は，日頃から帰宅指向が強く全盲であった上，本件施設の介護職員は，R子の状態について，同人に接し，あるいは他の介護職員から引継報告を受けてこれを承知していたものであるところ，R子は，本件事故当時，口論により興奮し，精神的に不安定な状態にあり，その直前に「家に帰る」と言っていたから，室内の様子もわからず，ひんやり冷たく，ベッドには布団もなく，雑然と物が置いてある埃のたまった310号室に同人を一人置くことは極めて危険であり，右介護職員は，R子が不安と家に帰りたい気持ちから家具等にぶつかってけがをしたりドアや窓を開けて外へ出て行ったりし，さらに大きな危険に遭遇するおそれがあり，また，手段を選ばず同室を脱しようとして窓を開けるなどしてけがをする危険があることは，容易に予見することができた。

また，本件家具は，高さが80センチメートル近くあり，ベッドに接して置かれ，これを踏み台にすれば本件窓に上れる状態であったから，右介護職員は，R子がこれを踏み台にして本件窓に上り，施錠してあったとはいえ一所為で容易に外れる鍵を外し，本件窓を開けて出窓に出てフェンスを乗り越えて転落するかもしれないことは予見すべきであった。このような場合，老人保健施設における介護の専門家である介護職員としては，あらゆる場合を想定して盲目で興奮しがちなR子の安全を確保する義務がある。

すなわち，R子の興奮を鎮めるために同人を一時居室から出すのであれば，一人放置せず傍らに付き添うなどして興奮を鎮めてから同人を居室に戻すべきであり，R子の徘徊について，同人に注意したり，あるいは同人の手を取ってR子から目を離すことのないようにしたり，同人を抱きかかえて直ちにやめさせたりしなければならない。

また介護職員としては，310号室を離れるとしても，R子が窓から転落しないように窓付近に棚や机等容易に窓に足を掛けられるような物を置かず，かつ，窓を開閉できないように施錠し転落事故を防止すべきである。

そして，介護職員にあっては，精神安定剤セルシン等を使用するなどしてR子の気持ちを落ち着かせ，一刻も早く自室に戻して同人の安眠を確保すべきである。にもかかわらず，Yは，右の各義務を怠り，R子を310号室のベッド上

に座らせたまま措置をとらず，同人の監視もしなかったし，同室の窓際の本件家具を移動させず，あるいは，本件窓の鍵の開閉操作を防止する二重の施錠装置（いわゆるロック）を解放したままとし，R子を危険な状態に置いたまま，長時間にわたり放置した。

　また，Yは，当直看護師の指示でR子に刺激を与えないようにと，310号室の引き戸を音を立てないように開け，様子を見てはその場を離れることに終始し，同人に声をかけず，R子は，Yが様子を見に来たことすら気付かず，一人孤独な状態に置かれた。

　さらに，R子は，一睡もせず310号室内を徘徊したり，ベッドの上に座ったり立ち上がったりすることを繰り返した。当時，R子は，自分の置かれた状況を理解することができず，原告が病気で入院しているため本件施設にいることもすぐ忘れてしまう状態であった上，盲目であったため，自分が本件建物の三階の部屋に居ることがわからず，その結果，本件事故が発生した。仮に，この間，Yが5分または10分の間隔でR子を巡視したとしても，その時点でR子に異常がないことが確認されるにすぎず，前記危険性が存することに変わりはない。したがって，Yは，R子に対する適切な介護を怠ったことについて不法行為責任を負う。そして，右不法行為とR子の死亡との間には相当因果関係がある。よって，Yの使用者である被告は，原告に対し，使用者責任に基づく損害賠償責任を負う。

〈被　告〉

　YがR子を310号室に移動させた理由は，本件施設の開園直後で入室者がなく，R子が騒いでも他の入居者等の迷惑にならない上，R子は，他人から声をかけられると一層興奮して騒ぐため静かな場所が必要だったからである。

　Yは，その後，同室およびR子の状況を5分から10分ごとに巡視した。R子は，310号室に移動してから約1時間，大声をあげ続けていたが，その後，室内を徘徊するようになり，徐々に興奮も収まり，徘徊もしなくなり，午前4時20分頃にはベッド上に座るようになった。その間，R子は，同室から出ようとする態度を示したことはなく，本件窓を開けたり，これに上ろうとしたことはなかった。Yが約10分間他用を処理している間，R子は，本件窓からフ

ェンスの設置部分へ出，これを乗り越えて転落した。本件事故当時，本件建物の部屋は外側から施錠できる構造となっておらず，310号室の入口の施錠はされていない。本件の窓の手動式の鍵は施錠されていたが，いわゆるロックはされていなかった。さらに，R子は，従前，家に帰りたいと述べることはあっても，現実に行動に移したことはなかった。R子は，自分がいる部屋が本件建物の三階にあることは知悉していた。本件事故が偶発的なものか，R子の意図的な行動によるものか，あるいは両要素が併存するかは不明であるが，いずれにしても，被告およびその職員にとって，全盲の高齢女性であるR子が，310号室の出入口から外に出ようとせず，わざわざ施錠してあり，高所にある本件窓を開けて，その付近にあった本件家具等を利用して外へ出た上フェンスを越えることを予見することは不可能であり，この点について，被告またはその介護職員に予見可能性は存しない。

　また，次のとおり，YのR子に対する措置は当を得ており，非難すべき点は存しないし，被告の体制にも不備はない。本件施設における夜間職員2名の看護体制は標準的なものであり，行政当局の指導にも合致している。夜間介護は，入居者の排泄補助，就眠介助等が主要なものである。R子を他の部屋に移動しなければ，他の入居者の安眠・休養が妨げられ，YがR子に終始付き添えば，他の入居者への排泄補助や就眠介助がおろそかになり，あるいは極めて困難となる上，YがR子をなだめようとして声をかければ，一層興奮し，暴力を振るい，他の入居者とのトラブルが再発し，あるいは他の入居者の介護に支障が出るおそれがあったため，Yは，R子を310号室に移動させた上，R子を刺激しないように声をかけずに同人の落ち着くのを待った。Yの右行為は，適切であるのみならず，同人にはそれ以外にとる術はなかった。

　〈原　告〉

　原告は，婚姻届出はしていないものの，R子と1965年（昭和40年）11月から13年余り夫婦として生活を共にした内縁の夫であり，R子の失明後は原告がその介助をしながら，互いに精神的身体的に支えあって生きてきたものであるところ，最愛の妻の突然の死により筆舌に尽くし難い多大な精神的苦痛を受けた。

　原告は，当時自らも入院していたが，被告から本件事故を知らされず，R子
の死亡後に戊病院のH医師から初めて電話で本件事故の事実を聞かされ，入院
先から病衣のまま右病院にかけつけたものの，既にR子は死亡しており，その
最期に付き添うことができなかった。また，本件事故後，被告は，原告に対
し，納得のいく説明をせず，誠意ある態度を示さなかった。このような原告の
精神的苦痛を慰謝するための慰謝料は，少なくとも1,000万円が相当である。

〈被　告〉

　原告の損害賠償請求権の有無および範囲については争う。

〈裁判所の判断〉

　R子は，本件施設に入所中，たびたび興奮状態に陥り，精神的不安を募ら
せ，認知症の症状もみられ，たびたび介護職員に対し家に帰りたいと述べてい
た。Yは，R子と丙の口論が収まらず，R子に対する働きかけも効を奏さず，
他の入居者の迷惑になるため，当直看護師の指示により，同日午後10時30分
頃，R子を310号室に移動させ，同室内のベッド上に座らせた後，他の入所者
の介護に戻った。

　R子は，大声で「助けて」，「帰りたい」等，1，2時間ほど叫び続けた後，
同月20日午前零時頃叫ぶのをやめて静かになり，ベッドから立ち上がって歩
き回ったり座ったりすることを繰り返した。Yは，定期的に310号室に赴いた
が，R子に刺激を与えないようにとの当直看護師の指示に従い，その引き戸を
開けて室内のR子の様子を確認するにとどめ，同人に声をかけることはせず，
R子も，Yが来たことには気付かなかった。

　その後，YがR子が310号室の入口から向かって右手前にあったベッド上に
腰掛けているのを確認し，再度310号室を訪れたところ，同室にR子の姿がな
く，同人を探すと，地上に落下しているR子を発見した。Yは，当直看護師に
連絡し，その指示により同看護師とともにR子をストレッチャーで本件建物の
三階に運んで丁医師を呼んだ上，R子を同病院内に搬送した。

　なお，Yは，本件窓の鍵の開閉を操作することができないようにする二重の
ロック装置があることを知らなかった。

　老人保健施設等の一定の介助，介護等を必要とする高齢者が多数入所する施

設にあっては，入所中の者それぞれに対し適正な介護を施し，かつ，円滑にその業務を進めることが必要である。一方，入所者に一定の危険，不利益等が生ずることが予想される場合には，その介護に携わる者において，予想される危険や結果の重大性，その切迫度や蓋然性，その回避または防止措置を施し得る可能性や容易度，さらにはその有効性，その措置により介護上（広くは医療上）特定の入所者に対しまたは一般的に生ずべき影響，不利益，弊害等の諸事情を総合考慮し，看護師，介護福祉士等その資格に相応した専門的見地からその裁量的判断を適切に行い，選択した方途を実行することが求められると考えられる。

　そうすると，Yが興奮して大声をあげるR子を310号室に移動させた処置については，他の入所者の迷惑になることを考慮したためであると認められ，その措置そのものに非とすべき点は見出されない。また，本件施設にあっては夜間は2人体制で当たっていたことについて，体制上の不備があるとも認められない。そして，介護職員としては，入所者全部の介助に当たらなければならないことは明らかであり，YがR子に終始付き添う措置をとらなかったからといって，格別の緊要性が存する場合を別としては，それが直ちに不当または違法となるとはいい難い。

　しかしながら，R子は，従前，失禁したり，朝目覚めた際自分がどこにいるのかわからない，あるいは，時折興奮して会話が支離滅裂となり，なかなか収まらないといったことがあったり，精神的不安定に陥り，妄想を抱き，時折精神安定剤セルシンの服用を受けるなどしていたことが認められる。また，本件記録の同年3月4日の欄には「つきっきりではなくとも大丈夫ではないかと思える」との記載があり，その具体的状況は本件証拠上確定し難いものの，R子から目の離せない状況になったこともあったことがうかがえるところである。

　これらの点に，R子は全盲であり，たびたび家に帰りたいと述べ，当夜も同様の声をあげていたことを併せ勘案すると，R子に対しては，一定の危険を回避防止すること，すなわち，心身の障害等が反映した行動に出て第三者に迷惑を及ぼすことを避けると同時に，周囲の状況を視覚的に認知することができないR子自身の行動に配慮し，その身体の安全や心身の安寧を確保することが求

められ，それなしには，R子自身にも一定の危険が生ずることが合理的に予想されると考えられる。そして，入所者の状況等は，刻一刻と変化することも希ではないから，臨機の判断や対応も必要である。

　また，310号室へ移動する原因を作出したのはR子自身であるとしても，室内の状況を知らない310号室へ移動させ，R子一人を同室に残して言葉のやり取りもしないで単に様子を見るという環境または状況を設定したのは，Yおよび当直看護師であることに鑑みると，Yにあっては，同室の状況を踏まえ，R子の動静にできる限り注意を払い，要介護の心身の状況にあるR子の身体の安全について配慮すべき義務が生ずるものというべきである。

　そして，R子の心身の状況は，逐一本件記録に記載されており，また，Yも，R子が盲目であり，認知症の症状があったことを知っていたことが認められるから，Yは，当夜の介護職員として，R子が視覚に障害がなく，また，心神の状況に問題がない通常人とは異なった行動，意外な行動に出るなどの可能性があることに思いを致し，これに配慮した措置を講ずる義務があるというべきであり，同人を310号室にとどめることは，興奮したR子を鎮静化させるという所期の目的に照らしなるべく短時間にとどめ，R子ができるだけ速やかに通常の状態で睡眠を取ることができるよう配慮すべきものと解される。

　そこで検討するに，R子は，310号室において1，2時間大声で騒いでいたものの，当夜午前零時頃叫ぶのをやめて静かになり，ベッドから立ち上がって歩き回ったり，座ったりすることを繰り返してたと認められるところ，証人Yの証言中には，R子は当夜午前4時20分頃にベッド上に座っていたとする部分があり，これに従えば（正確な時刻を除く），R子は，深夜以降はそれなりに落ち着きをみせるようになっていた様子がうかがえる。そうすると，既に310号室に移動させてから数時間が経過した状況において，なお単に室外から様子を定期的に見るといった対応を継続することの適否が問われるべきことは否定し難い。

　すなわち，少なくともR子を310号室に移動させてからしばらくの時間が経過した後にあっては，R子の興奮の鎮静化が図られているか試みに声をかけるなどしてこれを確認するほか，排泄，就寝等の介助を要する状態に至っていな

いか等通常の心身の状況にある者に対しても当然必要となる配慮をすべきであり，かつ，Ｙ証言によれば，Ｒ子がベッドに腰掛けているのを視認したというのであるから，その機会は存したものと推量されるところである。

のみならず，通常であれば睡眠中であると考えられる深夜の時間帯において，寝具が用意されず，また，介護職員からも声をかけられず情報が途絶したに等しい状況において，数時間が経過すれば，眠気や尿意を催す等心身に何らかの反応が生じたり，そうでなくとも，どの程度時間が経過したのか，自分がどこにいるのか等が案ぜられたりすることは通常起こり得る変化であって，そのために他の場所へ移動することを試みることは，通常人でも自然な行動として大いにあり得ることである（証人Ｙの証言には，Ｒ子はベッドの上に立ち上がることはあったものの，一人でどこかへ行ってしまう様子はなかったとする証言部分があるが，数時間を経てなお同じ状態が継続する高度の蓋然性が直ちに肯認されることにはならないと思料される）。加えて，Ｒ子は，全盲であった上，310号室の状況は知らなかったと認められるから，例えばナースコールを用いる等，介護する側にとって有用な方法で反応を示すことは必ずしも期待することができない（再度大声を出すことで介護職員側でそのシグナルを読みとることが期待され得たかについては，本件証拠上不明である）。

とすれば，Ｒ子がベッド，本件家具等を伝って本件窓の鍵を開けて室外に出るという所為に及ぶ明白かつ具体的な危険が切迫していたとは認められないとしても，一晩を寝ずに明かしたに近い状態に至れば，Ｒ子が室内を歩き回るのみならず，手探りで室外に出る方途を模索したり，さらには右のような所為に類する事態が出来することはＲ子の自然の身体的または精神的反応としてこれを予想すべき余地がなかったとはいえないと思料される。加えて，証人Ｙは，その証人尋問において，Ｒ子はベッド上に立ち上がることもあった旨，Ｙは本件窓が施錠されていることは確認した旨各証言しており，これによれば，盲目のＲ子が落下したり，そうでなくとも危険な状況に至ったりすることは具体的に予想し得たものと認められる上，Ｙ自身も，Ｒ子が本件窓に接近する等によって生ずる危険を想定していたこともうかがわれないではない。

もちろん，Ｒ子が最初に310号室の出入口に触れていれば同所から出ること

を試みたであろうことが推認されるけれども，本件窓およびその鍵に触れて開口部の存在を覚知すればこれに意を得てそこから室外に出ようとすることは，当時のR子の心身の状況を前提とすれば必ずしも突飛な行動とは解されない。本件窓の形状，位置，これを開けた際に触れたであろう外気の状況等から，R子にあっても戸外に面する開口部であることを了知し得たものと推断されるものの，その先にあるものが落下防止用フェンスであり，それを越えれば危険であることを認識し，または認識し得たことを認めるべき的確な証拠は見出されない。

　この点，被告は，R子が三階にいることを知っていた旨主張するが，当夜のR子の心身の状況に照らし，自分の所在する場所や階数等を記憶をたどり論理的かつ冷静に判断し得たかについては，疑問を留保せざるを得ない。

　なお，R子が自ら主体的に三階の本件窓から出たこと（R子の転落が事故ではないこと）を認めるべき的確な証拠は見出されない。

　しかるところ，Yにあっては，深夜相当時間過ぎた段階に至っても，なおR子を就寝させる頃合いを見図る等，介護または介助の要否やそのタイミング等について検討した様子はうかがえない（310号室に寝具等を持ち込んで同室を一時的な就眠の場所としようとした様子もない）のであって，しかるときは，いつも就寝させ，あるいは304号室に戻す等，爾後R子をどのように処遇するかについて確たる見通しや方針もなかったのではないかとの疑問が払拭されない。これをR子の側からみれば，身体を休める寝具はなく，他方，自己の意向を表明する術を知らないまま時間が経過したものというべく，結局，特段の措置が講ぜられない状態が継続したものと評せざるを得ない。

　この点，Yまたは当直看護師において，R子に声をかければ再度興奮するおそれがあるとの配慮がなお継続していたのであれば，それはR子にとっては，鎮座して夜を明かすか，あるいは寝具のない状態で就寝せざるを得ないことを意味することにならないか疑問なしとしない。

　もっとも，本件事故の態様としては，R子が本件家具を上るなどして，本件窓を開けて戸外へ出た蓋然性がうかがえるところ，そのような行動自体は通常容易に想定されるものではないことはたしかである。しかし，それが室内外の

状況および引き戸，本件窓の状況等を知らず，またはこれを視認することができない者についても同様であるかはいささか疑問であり，かえって，盲目であり，310号室の状況を知らなかったR子にあっては，何も情報を与えられなければ，どのような行動をとればどのような危険が生ずるかはほとんどわからなかったであろうことが推認される。

　他方，当直看護師およびYは，夜勤担当として相当な繁忙状況にあると認められ，R子にのみ時間と労力を割く余裕はなかったであろうことも推量されるけれども，通常の介護，例えば，排泄介助やおむつ交換等でも数分間を要すると合理的に推認されることに鑑みると，少なくとも同程度の時間をR子への対応に当てることが不可能であったとも認められない。

　以上を総合すれば，Yにあっては，R子が落ち着きを取り戻しているか確認すべくR子に何らかの働きかけをしたり，寝具等がなく一睡もしていないと認められるR子の不安定な状態を解消させる措置を試みるべきであったところ，Yおよび当直看護師において，室外からR子に気付かれないよう様子を見るにとどめる措置を継続させ，就寝可能な環境を提供せず，R子に声をかける等もしなかったのであり，それがなおその裁量的判断の範囲にあるとはいい難く，適切な介護すべき義務を怠ったものと言わざるを得ない。

　もっとも，R子が何らかの働きかけに対し従順に応じたり，再度興奮しなかったであろうとの確実性はなく，また，R子が再度興奮した場合にどのような事態が招来されるかは必ずしも判然としないことを勘案すると，R子に対する積極的な対応がされなかったことと本件事故との間に端的な因果関係があるかは問題ではある。

　しかしながら，そのような働きかけがあればR子自身も，どのような形態であれ，身体的あるいは精神的反応を示し，R子が従前の興奮状況から脱しているか否か，何を欲しているか等を探り，あるいはそれが介護職員において爾後どのような対応をとるべきかについての判断材料となり，相応に対処し得た相当の蓋然性は否定し得ない。しかるに，このような働きかけがなかったことは，R子が適切な介護を受ける機会を失わしめたものであって，そのためにR子自らが行動を起こし，本件事故に至ったという限りにおいて，本件事故もそ

の因果の流れにあることは否定されないと思料される。

　以上によれば，Y（当直看護師の指示に基づく措置が含まれるとしても，行為の関連共同性は認められる）は，適切な介護を怠ったことについて不法行為責任を負い，その使用者である被告は，使用者責任を負うものと解される。

　原告は，R子と夫婦として生活を共にし，2人で学習塾の経営等に携わり，この間およびその後，R子の実子K等との間の確執等があった様子もうかがえるものの，約13年にわたり実質的夫婦関係を継続してきたこと，R子の失明後は原告がその介助をしてきたこと，R子は，原告が入院して介助にあたれなかったため，本件施設に入所したものであること，原告はこれまで愛情を注ぎ，精神的支えであったR子の突然の死により多大な精神的苦痛を受けたものと認められる。

　右の点に，R子の従前の状況，本件事故の経緯，態様その他本件に表れた一切の事情を斟酌勘案すると，原告の精神的苦痛を慰謝するための慰謝料として，600万円をもって相当と認める。

3 判旨の具体的検討

（1）本事案の争点

　本件は，当該利用者が三階から落下して死亡した原因が，介護福祉士の適切な介護・看護の措置を怠った介護義務違反を認定して，使用者責任（民法第715条）に基づき，慰謝料の賠償を求めた事案である。

　本事例においては，日頃から帰宅指向が強く全盲であった当該利用者が，興奮し，第三者に迷惑を及ぼすことを避けるため，当該利用者を三階の別室に移動させた。この三階にある別室から当該利用者は落下し死亡した本件において，施設側にはどのような適切な介護をすべき義務があったのであろうか。今後の施設運営のためには本件事案の判旨をどのように活用したらいいのかを，以下具体的に検討する。

　まず本件事案では，全盲の当該利用者は，周囲の状況を視覚的に認知することができないため，通常の利用者以上に当該利用者自身の行動に特段の配慮が必要であり，場合によっては，臨機の判断や対応をしながらその身体の安全や

心身の安寧を確保することが施設側には求められるとした。

　施設側としては，興奮している当該利用者を再度刺激しないようにと，室外から当該利用者に気付かれないよう様子を見るにとどめる措置を継続していたが，この程度では直接適切な介護すべき義務を充たしていないとして，施設側の過失を認定した。

　当該利用者が連れてこられた三階の別室は以下のような状況であった。①ベッドには布団もなく，雑然と物が置いてあり埃がたまっていた。②本件窓には施錠とロックの二重構造になっていたが，施錠はしたものの，本件窓の鍵の開閉を操作することができないようにする二重のロックをしていなかった。③当該利用者は慣れていない場所であるため，家具等にぶつかってけがをしたりドアや窓を開けて外へ出て行ったり，興奮状態であれば，手段を選ばずに同室を脱しようとして窓を開ける可能性があった。④家具を踏み台にすれば本件窓に上れる状況であった。

　このような別室の状況を分析すると，深夜，興奮して大声をあげている当該利用者を落ち着かせるために，三階のこのような別室に連れて行くこと自体が問題ではないかといえる。盲目であり，興奮している状態では，いつでも窓から転落の危険性があるにもかかわらず，窓の二重のロックをしていなかったことは，施設側に安全管理に対して重大な過失があるといえる。本件では窓のロックを忘れていたのではなく，窓にロックがあったこと自体すら知らなかった点に，施設側の危機管理意識の欠如があったといえる。

　では，どうしてこのような状況が作出されてしまったのであろうか。介護福祉士は，看護師の指示どおり利用者のそばに寄り，寝具の提供やトイレ介助などの介護サービスをすることなく，単なる見守りに終始した根本原因はどこに存在するのであろうか。施設職員の行動様式を因子分解する必要がある。

（2）「タテ社会」・「世間体」文化の構造と介護職員の現状

　介護サービスが求める「機能」と実践者である介護福祉士と看護師という「資格」にはどのような関係があるのであろうか。この点，日本社会の構造は，「場」「資格」「タテ組織」という3つの大きな軸が存在し，集団は，個人に備わっている属性（学歴，地位，職業，技能など）である「資格」と，会社・その

他の組織のように，一定の枠によって個人が形成する「場」によって形成される。日本人の集団意識は「場」に重点が置かれ，「資格」に重点を置く西欧，インドなどとの大きな違いとなっている。この集団認識のあり方は，自分の会社や職場を「ウチの」，相手の組織を「オタクの」といった表現に表れている。そして，「ウチ」のメンバーは「資格」がどうであるかにかかわらず，その集団の価値観を共有し，全員参加の行動をとることが期待される。この「場」の共通性によって構成された集団は，いわば自然発生的に，「タテ」の関係で秩序が保たれ，上司・部下のように職能別でなく機能別に組織されているのも，「タテ」関係が重視されることに起因する。このように，日本の文化は「資格」よりも「場という枠組み（タテ社会）」を重視しているという見解[2]がある。ただし，この見解においても，「資格」の種類によっては，「資格」のほうが「場」より優先される場合があることは否定できない。

　「資格」よりも「場という枠組み（タテ社会）」という見解から本件を分析すると，介護職員は看護師の指示という「場」の力が強く働き，自己選択，自己決定をするという「自立」[3]的な主体性の確立ができにくい環境が醸成されていたものと思われる。

　それは子育てや教育の育成段階において影響を与え，「常に“○○してはいけない”，“○○しなさい”という禁止と命令で子どもを育てるために，子どものときから自分は何をしたいのか，何をしてほしいのかという自己表現が育たず，自己選択，自己決定をするという自律的な主体性の確立ができにくい文化と日本人をつくり出してきた」[4]のである。しかも，それら日本国民が有している文化は視点と言葉をかえて言えば，多くの国民は「世間体」[5]を気にし「村八分」にされるような「場」から疎外されることをおそれ，「もの言わぬ農民」[6]としての生活観と文化を身に付けているということでもある。

　この点，施設側としては，全盲で認知症の利用者が抱えている生活問題を解決するためには，その人が抱えている生活問題がどこから起因しているかを明らかにする過程として，「その人の生育史や心理分析も行うと同時に，その人や家族の生活全体の分析を通し，その生活が社会環境との間でどのような軋轢と課題を有しているのかを明らかにすることをした上で，その人ならびに家族

に対する働きかけと問題解決に必要な資源の活用をする」[7]という視点が欠如していたといえる。全盲で認知症の利用者は通常の利用者に対して特段の配慮が施設側には存したといえる。つまり，福祉サービスを考える場合，そのサービスを必要としている人の生活環境はすべて異なるといってよいであろうし，その人の家族関係や社会関係も異なってくる。したがって，サービス利用者がまずどのような生活環境や社会環境の下で生活しているかを要望しているのかを明らかにし，その上でその人や家族がどのような点で自立生活が阻害されているのかを明らかにすることが援助を考える場合に必要となる。このような視点が存すれば，少なくとも，当該利用者を三階の別室に一人で放置することはなかったはずである。したがって，全盲で認知症の当該利用者に対してはサービス利用者個々人，あるいはその家族を丁寧に個別に評価し，サービス提供のあり方も集団的，画一的提供というマニュアル的な発想だけではなく，「その人や家族の“求めと必要と合意”に応じて，個別援助方針を立てる」[8]必要があったのである。利用者本人が何を望んでいるかということの確認と，専門性を有している看護師・介護福祉士という専門的評価の２つの機能を各々大切にしながら，その上で両者の合意を図るという「求めと必要と合意」に基づく介護サービスが重要である。

（3）介護サービスにおける「受容・消化・アレンジ・システム化・実践」と諸科学の知識と技術の統合化・融合化・総合化の視点

では，当該利用者の転落事故の責任を裁判所は施設側の介護のどのような点を問題として施設側の過失を認定したのであろうか。

第一に施設側の主張は家具を踏み台にして，本件窓を開けて出窓に出てフェンスを乗り越えて転落することは特異の行動であり，予見不可能であるとした。

この点，判例は老人保健施設等の一定の介助，介護等を必要とする高齢者が多数入所する施設にあっては，入所中の者それぞれに対し適正な介護を施し，かつ，円滑にその業務を進めることが必要である。一方，入所者に一定の危険，不利益等が生ずることが予想される場合には，その介護に携わる者において，予想される危険や結果の重大性，その切迫度や蓋然性，その回避または防

止措置を施し得る可能性や容易度，さらにはその有効性，その措置により介護上（広くは医療上）特定の入所者に対し，または一般的に生ずべき影響，不利益，弊害等の諸事情を総合的に考慮し，看護師，介護福祉士等その資格に相応した専門的見地からその裁量的判断を適切に行い，選択した方途を実行することが求められるとした。

　これを本件について当てはめると，当該利用者が日頃失禁したり，朝目覚めた際自分がどこにいるのかわからない，あるいは，時折興奮して会話が支離滅裂となりなかなか収まらないといったことがあったり，精神的不安定に陥り，妄想を抱き，時折精神安定剤セルシンの服用を受けるなどしていたことが認められるなど，当該利用者から目の離せない状況になったこともあった。当該利用者は，たびたび家に帰りたいと述べ，当夜も同様の声をあげていた。

　これらの点を勘案すると，当該利用者に対しては，一定の危険を回避防止すること，すなわち，心身の障害等が反映した行動に出て第三者に迷惑を及ぼすことを避けると同時に，周囲の状況を視覚的に認知することができない当該利用者自身の行動に配慮し，その身体の安全や心身の安寧を確保することが求められる。

　ここで施設側に裁判所が求めたのは，興奮した当該利用者を鎮静化させ，できるだけ速やかに通常の状態で睡眠を取ることができるよう配慮すべきものとした。つまり，長時間，布団のない別室に一人で放置させること自体に問題があり，施設側の過失を認定したといえる。

　思うに，この判旨の見解を考察すると，老人保健施設等の一定の介助，介護等を必要とする高齢者が多数入所する施設というのは，看護師，介護福祉士等その資格に相応した専門的見地から，その諸事情を総合考慮して，その裁量的判断を適切に行うことが求められている。つまり，通常人とは異なった身体的・精神的に特殊な利用者を入所させて契約を締結している以上，専門的な見地から，最善の介護義務が課せられていることを示している。このことは一般の通常人のサービスとは同レベルのサービスではなく，利用者の特性を十分に認識し，利用者の属性に見合った介護サービスを提供し，安全に配慮した高度な注意義務が施設側には求められている。介護福祉士などの専門的な資格をも

っている者が，その高度の技量と知識を駆使し，利用者の援助過程において
は，個別具体的に対応する高度の安全配慮義務が求められている。本件事例に
おいても，室外からの見守りだけでいいという看護師の指示だけにとどめるの
ではなく，介護福祉士独自の専門的な技量と知識の中で，直接，当該利用者に
声かけをして様子をうかがうなどの援助技術が求められている。裁判所におい
ても，本件事例においては，介護福祉士が室外から見守りをしたことについ
て，介護福祉士独自の責任として介護義務違反を認定している点を鑑みると，
「看護師の指示どおりしただけで，私には責任はありません」ということが介
護福祉士の注意義務違反がないとすることの理由にはならないのである。看護
師からの指示においても，介護福祉士という専門職として介護サービスという
本質を「受容」し，「消化」し，「アレンジ」し，「理論化」「システム化」し，
実践するという視点が今後重要であろう。

　社会福祉の現場（施設・機関）では，「ケースワーク，グループワーク，コミ
ュニティ・オーガニゼーションの3分法ではくくりきれない多くの要素が複雑
に絡み合って展開されている現実」9)がある。つまり，社会福祉の分野は，多
様な面と複雑な内容をもっており，社会福祉を理論的に把握・分析し，理解す
るためには，単一科学の応用という領域を超え，多様な関連諸科学の動員が必
要である。そのためには，「社会科学の研究には社会学，経済学に限らず，哲
学，宗教学，法学，政治学，行政学，心理学，教育学，医学，看護学，工学な
ど広い範囲に及ぶ科学の援用が必要」10)である。社会福祉学の全体像を把握す
るためには，諸科学の知識と技術の統合化・融合化・総合化の視点が重要であ
る。

　第二に施設側の見守り方法が，室外から当該利用者に気付かれないよう様子
を見るにとどめた理由として，声をかければ，一層興奮し，暴力を振るうた
め，刺激しないようにする点と，当該利用者を終始付き添うことによって，他
の入居者への排泄補助や就眠介助がおろそかになる可能性があることを施設側
が主張した。

　この点，判旨では施設職員が夜勤担当として相当な繁忙状況にあり，当該利
用者のみ時間と労力を割く余裕はなかったとしても，通常の介護，例えば，排

泄介助やおむつ交換等でも数分間を要すると合理的に推認されることに鑑みると、少なくとも同程度の時間を当該利用者への対応にあてることが可能であるはずである。施設側としては、当該利用者が落ち着きを取り戻しているか確認すべく、当該利用者に何らかの働きかけをする必要があるとした。この働きかけがあれば、当該利用者自身も、どのような形態であれ、身体的あるいは精神的反応を示し、当該利用者が従前の興奮状況から脱しているか否か、何を欲しているか等を探り、あるいはそれが介護職員において爾後どのような対応をとるべきかについての判断材料となる、として室外からの見守りは介護に必要な見守りにはならないとした。

　つまり、当該利用者の状況を勘案して柔軟に対応すべき点を求めたといえる。前述の判例の事例においても、人員不足に伴う介護サービスの不備については、判例は施設側の責任を軽減する理由にならない点を改めて明言している。人員不足の解消においては財源不足の問題、内部問題として終始するのではなく、一般の高齢者によるボランティア団体の活用などのように、高齢者を介護サービスの支援される側だけに捉えるのではなく、社会的サポートの提供者として位置付けるという「インフォーマル」[11]的サービスを充実させる必要がある。「高齢者にサポートを提供するだけではなく、高齢者の出番を作り、社会的サポートを提供してもらえる機会を増やすような視点」[12]が必要である。

　また、全盲の高齢女性である当該利用者が、別室の出入口から外に出ようとせず、施錠してある高所にある本件窓をわざわざ開けて、その付近にあった本件家具等を利用して外へ出た上フェンスを越えることについての予見可能性については、介護職員としては、当該利用者が窓から転落しないように窓付近に棚や机等を利用して容易に窓に足を掛けられるような物を置かず、かつ、窓を開閉できないように施錠し転落事故を防止すべきである、とした。

　第三に施設側の見守り方法が、室外から見ていたしても、5分または10分の間隔で当該利用者を巡視し、当該利用者を巡視した最後約10分間、他用を処理している間に当該利用者は、本件窓からフェンスの設置部分へ出、これを乗り越えて転落した場合であるため、施設側としては介護義務違反まではないと主張した。

　この点，裁判所では入所者の状況等は，刻一刻と変化することも希ではないから，臨機の判断や対応も必要である。室内の状況を知らない別室へ移動させ，当該利用者一人を同室に残して言葉のやり取りもしないで単に様子を見るという環境または状況を設定した場合には，同室の状況を踏まえ，当該利用者の動静にできる限り注意を払い，要介護の心身の状況にある当該利用者の身体の安全について配慮すべき義務が生ずるものとした。

　つまり，別室に寝具等を持ち込んで同室を一時的な就眠の場所としようとした様子もなく，いつ就寝させ，あるいはもとの部屋に戻すか等，当該利用者をどのように処遇するかについて方針もなかった。このような状況の中で当該利用者の側からみれば，身体を休める寝具はなく，他方，自己の意向を表明する術を知らないまま時間が経過したものというべく，結局，特段の措置が講ぜられない状態が継続したことに対して施設側に過失を認定した。以上を総合的に勘案して，裁判では当該施設職員に，適切な介護を怠ったことについて不法行為責任を負い，その使用者である当該施設は，使用者責任を負うものとした。

　利用者の心理状態を予見することは，「人間そのものにかかわる臨床心理領域の事例であるため，臨床心理の領域に関する研修制度の充実」[13]が施設職員には必要であろう。

4 今後の介護サービスにおいて取り組むべき課題

　この判旨を通じて，施設側としては，夜間で人的サービスが十分になされない中で，興奮して大声を出している当該利用者を落ち着かせるために，その場しのぎで別室に連れてきたという安易な考えが転落死亡事故を誘発したのではないかといえる。精神状態が不安定の中で，全盲で別室に連れてこられ，しかも，別室には布団もなく一人でいる状況の中ではどのような事故が生じるか，十分に予測し安全に配慮すべき義務があったといえる。このような危機管理意識があれば，深夜であれば布団は当然準備したであろうし，三階という階数を考えれば，全盲で，精神状態が不安定である状況を勘案して，出窓の安全確認，見守りに伴う当該利用者の声かけは，介護サービスを提供する施設職員にとっては「初歩の初歩」といえる。

　看護師の指示内容という情報は「直輸入的」に実践するのではなく，全盲の利用者の主体性を理解しながら，看護師の指示を是認，許容，受容だけではなく，介護福祉士自身の知性，「感性，柔軟性」[14]によって，人間性を踏まえて，施設職員が利用者に対して，受容的な態度で臨み，利用者に対して深い関心と誠意をもち，自信をもって利用者にサービスを提供する資質が必要である。

　本事例では事例的研究という質的要素から論じてきたが，今後は，介護事故裁判事例研究の方法としては，利用者にとってどのようなサービスが利用者に適切な効果を及ぼすのかという，「利用者にとってのサービス効果こそが重要」[15]であり，そのための評価方法として今後蓄積される介護事故裁判例の質的比較とデータ処理に基づいた数量的比較をいかに融合させるかが今後の検討課題である。

〈注〉
1）『賃金と社会保障　1280号』旬報社　14-21頁
2）中根千枝『タテ社会の人間関係』講談社現代新書（1967年）1頁
3）大橋謙策「わが国におけるソーシャルワークの理論化を求めて」『ソーシャルワーク研究　通巻121号』（2005年）9頁　大橋は，自立生活のとらえ方は①所得の多寡というよりも，人間的成長を促す機会である働く機会を保障するという労働的自立，②歌や絵画やスポーツ等自己表現を精神的にも，文化的にも行うという精神的・文化的自立，③身体的に不全ではないといった考え方ではなく，自分の身体を自分でコントロールし，ストレスに対応できる生活が可能かどうか，あるいは生活習慣病ともいえる慢性疾患と上手に付き合い，ちょっとした病気のある人のほうがからだに注意するので，健康な人よりもかえって長生きするという「一病息災」的生活や医療管理的生活を在宅で可能にさせられるかどうかといった健康的・身体的自立，④対人関係能力も含めて，孤独に陥らずに，他者とコミュニケーションをもち，集団的，社会的生活を送れる社会関係的自立，⑤自分の家計の管理や日常生活を管理し，必要な食事を作る力，掃除をする力，買物をする力等があるかどうかといった生活技術的自立，⑥サービスを選択したり，さまざまな生活上必要な契約を行ったり，政治にも関心をもち，参加できる能力としての政治的・契約的自立の6つの自立生活の枠組みから自立生活支援を考える必要がある，とした。
4）大橋謙策・前掲書3）12頁
5）井上忠司『世間体の構造　社会心理史への試み』講談社学術文庫（2007年）参照　井上によると，世間とは個人個人を結ぶ関係の環であり，会則や定款はないが，個人個人を強固な絆で結び付けている。日本人にとって周囲と折り合ってゆける限りで世間の中で生きる方が，競争社会の中で生きるよりは生きやすいのである。日本の個人は世間向きの顔や発言と自分の内面の想いを区別してふるまい，そのような関係の中で個人の外面と内面の双方が形成されているのである。いわば個人は世間との関係の中で生まれているのであり，日本の個人は「世間」から自立したものではない。だから日本人は自分の意見を述べるのを不得意とし，周囲の反応を

見てからしか意見を述べることはできないし，自分が何らかの嫌疑をかけられたときにも，「自分は無実だが世間を騒がせたことを謝罪したい」と，自分の行為の正統性を主張するより先に，「世間」に謝罪するという，西洋人には理解しがたい行動をとるのだと，述べている。

6）大牟羅良『ものいわぬ農民』岩波新書（1958年）1頁

7）大橋謙策・前掲書3）7頁

8）大橋謙策・前掲書3）9頁　サービス提供のあり方が集団的，画一的提供という医療モデルにならざるを得なかった理由として大橋は次のように論じている。1970年から1990年頃までの社会福祉施設の整備の時代にあっては，世界保健機関（WHO）の国際障害分類（ICIDH）の考え方のように，社会福祉施設を中心にサービスを提供する際には，そのサービス利用者の障害の種類，障害の程度，その人のADLに着目し，同じような身体状況，同じような属性を有した個人を同一の社会福祉施設に入所させるという医学モデルに基づく診断の考え方であったため，サービス供給側の論理で集団的，画一的に提供されがちであったとしている。

9）仲村優一『仲村優一著作集第1巻　社会福祉の原理』所収，旬報社（1981年）37頁　仲村は，ケースワークはそれだけで単独に独り歩きできる技術ではなく，社会福祉の制度の下で，他の諸技術と相互作用の関係を保ちながら，ソーシャルワークの一環としてとらえることによって，はじめて意味をもち得るとしている。

10）古川孝順『社会福祉原論　第2版』誠信書房（2005年）4頁　古川は，社会福祉学は，多様な社会福祉実践を基盤に，自ら構築し蓄積してきた法則的な知識と技術を核に，社会学，経済学，哲学，宗教学，法学，政治学，行政学，心理学，教育学，医学，看護学，工学などの広い範囲に及ぶ諸科学の成果を，人間と社会の生死，存廃に関わる問題状況に即して絞り込み，援用し，直面する課題の解決を志向する科学であり，人間と社会の根幹に関わる社会的生活支援という一点に，関連する諸科学の知識や技術を総合化し，一体化して適用する総合と複合の科学である，と論じている。

11）平岡公一『イギリスの社会福祉と政策研究』ミネルヴァ書房（2003年）149頁　介護サービスは個別的なニーズへのきめ細やかな対応や柔軟性，即応性が必要であるため，公的なサービス，いわゆるフォーマルサービスには限界があり，親族や近隣住民・友人などの援助活動というインフォーマルサービスが必要であるが，インフォーマルサービスは社会変動の中で衰退する傾向があるため，有償ボランタリーな援助活動を組織化する傾向がある，としている。

12）斉藤嘉孝・近藤克則編「社会的サポート」『検証　健康格差社会』医学書院（2007年）97頁　この点，近藤は低所得の人，教育年数が短い人ほど多くの健康問題を抱えており，転倒歴，うつ状態，要介護度が高く，社会的ネットワークが乏しいと死亡率が高く，社会階層が低いものに不健康が蓄積する，としている。一方で，社会階層が高いと健康水準が高いと論じている。

13）志田民吉「社会福祉法上の苦情解決制度について」『東北福祉大学研究紀要　第26巻』（2001年）12頁

14）太田義弘・秋山薊二編著『ジェネラル・ソーシャルワーク』光生館（2002年）143頁　サービス提供者側の援助活動には，原理，原則，目標に則り，過程を踏まえて進めていくが，そこには人間的なもの，個人的なもの，私的なものが入り込むため，音楽でたとえれば，同じ楽譜のとおりに弾いても，それぞれの演奏者によって異なった演奏結果が生まれるように演奏者の技量，才能，感性，価値，情熱などによって結果は左右されるため，人のもつ価値，感性，技術を駆使した洗練された行動による，創作もしくは創作的行為であるため，アート的側面を有するといえる。

15）田端光美『イギリス地域福祉の形成と展開』有斐閣（2003年）320頁

ケース5　老人保健施設における誤嚥による死亡事故

横浜地方裁判所　平成12年6月13日

平成10年（ワ）第1337号　損害賠償請求事件

『賃金と社会保障　1303号』60-79頁

1 事案の概要と判旨から学ぶ具体的認定基準

〈事案の概要〉

　原告T・N子の配偶者，原告らの父親であったH・N（当時76歳，以下「亡H」という）は，徘徊，失禁等軽度の認知症のため，被告が開設する老人保健施設Y（以下「施設Y」という）に，1997年（平成9年）8月8日から3か月間，看護・介護サービス，日常生活サービス，リハビリテーションサービス，簡単な医療サービスの提供を受けるために入所した。1997年9月20日午後6時頃，亡Hは，夕食に提供されたこんにゃくをのどに詰まらせ，被告が開設し，施設Yに隣接するA病院に搬送され，こんにゃくを取り出した後，治療が続けられたが，翌9月21日午前1時21分頃死亡した。原告らは，被告には，施設Yに入所した亡Hに対する監護義務違反，監視義務違反，本件事故後の措置に関する過失等があるとして，主位的には債務不履行，予備的には不法行為に基づく損害賠償請求として，原告ら各自が負担した葬儀費用合計119万円，慰謝料合計2,000万円および遅延損害金の支払を求めた。控訴審で和解が成立した。

〈判旨から学ぶ具体的認定基準〉

（1）施設側が食事として利用者にこんにゃくを提供する場合にはどのような点に注意が必要か

〈結　論〉

　判決ではこんにゃくを一般のこんにゃく田楽より小さく切っていた（市販されている通常の大きさのこんにゃく1つ，縦12.5センチメートル×横7.4センチメートル×厚さ2.4センチメートル）を縦に10等分，横に2等分して20個に切り分け，一切れ当たり，縦3.7〜3.8センチメートル，横2.4〜2.5センチメートル，厚さ1.2〜1.3センチメートル大に切り分けることが必要である。こんにゃく

は煮ると小さくなるから，煮ることも必要である。また利用者には4切れのみ提供する数量上の制限を行っていた施設側の行為を評価した。

〈具体的検討〉

　高齢者や障害のある人にとって特にのどに詰まりやすい食材としてあげられるものには，こんにゃくのほか，さといも，のり，高野豆腐，いか，たこ，葉菜類の野菜である。誤嚥しやすいものとしては，魚の骨，こんにゃく，餅，肉，いも類等がある。これらの食材は利用者の安全を考え特段の配慮が必要である。

　当該施設においては，上記のように，こんにゃくの危険性を認識して，市販のこんにゃくよりも10等分に切り分けた点で判旨では評価している。また，こんにゃくは，栄養価には乏しいが，なるべく家庭における食事と類似したバラエティに富んだ食事を提供する，腸をきれいにする，便通をよくする，という健康上の理由から十分配慮した食事であるといえる。

　高齢者には危険であると考えられる食材を一切使わないで日々の食事を三食提供することは，使える食材が少なくなり，利用者にとって食事は日々の楽しみの一つである点を考えると，こんにゃくの食事提供は必要であるといえる。

（2）食事における施設側の監視体制はどうあるべきか

〈結　論〉

　判決では介護職員が，食堂内を巡回し，その都度必要な介護を提供すること，食材により，付き添って摂取させることが必要な入所者に対しては，誤嚥防止のため，料理を事前に取り上げておく等の措置を講じていたことなどの施設側の監視体制を評価した。

〈具体的検討〉

　介護職員のうち一人は，食事中の入所者の間を歩きながら，入所者の様子を確認することが必要である。人的サービスの人数の不足を補うために，一人の入所者につきっきりで食事介助すると，他の入所者に何かあったときに対応ができないので，このような方法が有効である。

　誤嚥に伴う救急救命措置を一般的な知識として認識し，タッピングなどの実技訓練が必要である。誤嚥事故が発生した場合，すぐに誤嚥者の身体を前かが

みにさせて背中をたたく，口の中に手を入れて誤嚥したものを取り出す，吸引
器がなければ，電気掃除機で誤嚥したものを吸い取る。呼吸停止時間を極力短
くすることが最優先である。吐き出させる手当てにこだわりすぎることなく，
1，2回手当てを行っても吐き出さない場合，一刻も早く誤嚥者を医師の手に
渡す。誤嚥したものがとれても呼吸が停止していれば，直ちに人工呼吸を行
い，同時に救急車を呼ぶ。これらは，すべて瞬時に判断しながら対処する。

　高齢者がこんにゃくを詰まらせた場合，4分以内に吐き出さなければまず半
数は助からず，一命をとりとめたとしても，大半は脳障害により社会復帰は困
難となる。このため，上記のような救急法を身に付けておく必要がある。

（3）本件のような施設側の救急救命措置の手段，方法をとれば救急救命措置を講じたと いえるか

〈結　論〉

　判決では本件誤嚥事故発見後，施設職員らは，当該利用者に対して，速やか
に通常一般的に用いられている救急救命措置を行い，速やかに病院に搬送し医
師の処置に委ねた場合には救急救命措置を施設側は講じた点を評価した。

〈具体的検討〉

　本件では狭い食堂から，救急救命措置を円滑に実施するために，数秒で，サ
ービスステーション前に当該利用者を移動させ，タッピングを実施し，隣接す
る併設病院に搬送し，医師の診断を受けたことが高く評価されたといえる。

　当該職員は，救急救命措置に関しては，介護に関する資格取得の際に修得し
ており，実技の経験も有し施設内では，救急救命措置に関する訓練も行われて
いたことは施設側の責任を軽減する理由になることを裁判所は示しているとい
える。

２ 判旨の具体的検討

　利用者から訴えられた介護事故裁判例の中で，施設側が勝訴した数少ない事
案の一つといえる。当該施設において，誤嚥事故が生じないように，予防策と
して施設側は何をすべきであり，介護事故が生じた場合の救急救命措置という
事後的な対策は何が必要かを判旨の中で明確に論じられている点で，本件事案

は先例においては，非常に重要な位置付けであるといえる。

　本件事案では誤嚥による予防策として，誤嚥のおそれのあるこんにゃく等を細かく切り刻んで，量的にも制限していたこと，介護職員の一人を緊急時に備え，食事の見守りに徹していたこと，誤嚥事故後においても，施設と病院が隣接しており，救急救命の連携が迅速であったこと，救急救命の場合の専門的な知識が介護職員にあったこと，または実技訓練を施設側で実施していたこと，が施設側の事故に対する予見可能性，結果回避可能性を否定した大きな要因であるといえる。

　以下本件事案の判旨の内容を具体的に検討し，介護事故裁判例の意義と今後の施設運営のあり方について考察する。

（1）こんにゃくを食材として選択したことについての過失の有無についての考察

　当該施設の食事提供において，危険性が高く，かつ，栄養価に乏しく，高齢者施設でことさら提供する必要性のないこんにゃくを食材として提供したことだけで，施設側に過失が認定できるかどうかが問題となる。高齢者を預かる施設は，高齢者の生命，身体の安全に対する注意義務違反が高度になるのは契約の段階で明らかといえる。

　この点遺族側は，こんにゃくは危険であるのみならず，栄養価に乏しく高齢者施設で食事に提供する必要性はないから，こんにゃくを食材として提供したこと自体が過失であると主張したが，判旨では小さく切り分けるという調理上の工夫，4切れのみ提供する数量の制限等，誤嚥事故を防止するために必要な対応は十分尽くされていた本件事案においては，こんにゃくを食材として選択したこと自体について，施設側に注意義務違反があったとは認められないとした。また，こんにゃくは身体のコンディションを整えるのに有用な食材であり，食事の献立は，栄養のバランス，食材，調理方法などが偏りなく構成されるように配慮されて，食する者の日々の身心が整えられることになる点から，単に誤嚥の危険性があるという一事によって食事に供したこと自体に過失があるとはいえないとし施設側の過失を否定した。

　当該施設は，入所者の自立を支援することを目的としている。食事について自立した，通常の家庭料理になるべく近い食事を提供することは，むしろ当該

施設の目的に合致するといえる。施設の介護目的の根拠は、利用者の高度な安全配慮が常に認められるのではないことを示している。また、施設側に求められる食事の提供物に関してはこんにゃくなど、たとえ誤嚥などの危険性があるとしても、施設側が利用者の残された能力を再訓練し、できる限り、社会復帰させるほうが望ましいといえる。本件施設では食事についてもリハビリテーションにより常食を食べられるように指導していること、高齢者は煮物、和食を好む傾向があること、栄養のバランス等など、総合的に配慮しつつ、一方で、誤嚥のおそれのある食材に関しても、細かく切り分ける等の工夫をしていることなどの事情を裁判では総合的に判断して、こんにゃくの食材を提供したこと自体に過失があるとは認定できないとした。

　このことは、「一般的には、食事の楽しみをできるだけ奪われないように工夫する施設側の取り組み自体、損害賠償法上の過失判断においてマイナスに評価されるものではない」[1]といえよう。施設内での食事の提供は危険な食べ物はすべて食べさせないということではなく、QOLに配慮した食材の提供から当該利用者の食べる楽しみを奪うことにならないようにする配慮は、施設職員として忘れてはならないといえる。

（2）食事における監視体制および監視状況の不備についての考察

　本来、高齢者を預かる施設としては、入所者から代金を受け取り、公的な補助金の交付を受けていることからすると、入所段階または入所後でも、入所者の認知症の有無、程度、健康状態、食事時の咀嚼能力等を入念に調査し、かつ、入所者の個別的特性に対応した看護・介護を行う義務を負うことは、当然の義務といえる。誤嚥事故の発生などの予防についても、通常では考えられない事態に対する予防策を講じる必要がある。つまり、高齢であるがゆえの事故を予見し、その事故が発生しないような人的・物的設備ないし環境を整備する必要がある。

　具体的には、本件事案のように入所者が食事をする様子を施設職員が一か所に立ち止まることなく食堂内を常時歩きながら複数で観察する方法で介護することが必要である。入所者によっては、誤嚥の危険性がある場合には、施設職員が特定の食材が用いられた料理を入所者からあらかじめ取り上げておき、施

設職員が後から付き添って食べさせることも必要である。

　また，本件事案においては，誤嚥事故の救命措置のため，介護職員は，テーブル等で狭い，食事をとっていた場所から，広いサービスステーション前まで車椅子ごと当該利用者を移動し，対応時間が数秒であるということは，誤嚥等の事故が発生した場合の実技訓練が生かされた結果であるといえる。

　このように，本件施設の食事における監視体制および監視状況のように，責任が問われない監視体制・監視状況とは，①自分自身で食事をすることができる利用者のみ食堂に集めて食事をさせること，②介護職員3名が，40名の入所者がいる食堂内を巡回し，その都度必要な介護を提供すること，③食材により，付き添って摂取させることが必要な入所者に対しては，料理を事前に取り上げておく等の措置を講じること，④当該利用者に本件事故が発生した直後，施設職員3名が直ちに当該利用者のもとに駆け寄り，救急救命措置を開始すること，である。現在の介護サービスにおいては施設職員の人員不足が原因で利用者の監視体制がおろそかになり，介護事故が発生している。本件事案においては，少ない人員配置の中で食事介助をした場合でも，上記のような工夫をすれば，施設側の過失が問われないことを裁判所は示している。本件監視体制は今後の同様の介護事故が生じないようにする先例となるものといえる。

（3）救急救命措置における過失についての考察

　誤嚥事故後の対応として，「酸素の供給停止から，約4分間程度で脳に不可逆的損傷が生じる」[2)]ため，誤嚥による窒息状態が生じた場合，その場で救急救命措置を行う必要がある。誤嚥物の取り出しが医師による救急救命措置以外の方法がない場合には，所要時間数秒間で隣接病院に搬送して医師の診断を受けさせる措置が必要である。このような高度な専門的知識を施設職員が有することが必要であることを本件事案では示しているといえる。

　このように，迅速な対応が施設側に実施できたのも，施設側が，実技訓練を実施した点と，救急救命措置が施設職員に一般的な知識として意識的に認識していた点が施設側の過失を否定した理由といえる。しかも，担当看護師が救急救命措置を行っている間にも，①施設職員が，病院に連絡をして，医師による処置を依頼し，施設から一番近い病室を用意し，当該利用者が到着するまでの

間，吸引の準備をしていたこと，②施設側と病院がドアを開ければ相互に行き来ができるようになっていたこと，③到着後，施設職員の救急救命措置に引き続いて，当該利用者の到着とほぼ同時に医師の診断を受けたこと，④設備面においても，本件施設では救急救命措置を行ったサービスステーションが食堂から直線の通路になっていたことから，時間もかからず，緊急時に対応できたこと，以上のような施設と病院との一連の連携が施設側の過失を否定した大きな要因の一つといえる。

この点，特別養護老人ホーム（特養）のショートステイに入所3日目の男性（当時73歳，多発性脳梗塞および重度の認知症で，全介助を必要とする）が，朝食直後意識を失い死亡した事案[3]では施設職員が適切な処置を怠ったため特養に過失があるとし，裁判所は特養側に対して2,200万円の支払いを命じた。施設側の過失については，朝食直後意識を失った利用者に対して，施設側が誤嚥を予想した措置をとることなく，吸引器を取りに行くこともせず，施設側が家人への連絡・指示を優先させ，異変を発見してから15分間救急車を呼ぶこともなかった点で，適切な処置を怠ったとして過失を認定した。

判旨に従えば，施設職員の食事中の誤嚥事故に際しての行為基準としては，利用者の異変を発見した場合には，家人の連絡前に第一に，タッピング，誤嚥物の吐き出しと並行して救急車を呼び，医師などの専門職による救急救命措置へと速やかに連携することが求められた。判旨では緊急時には，まず，家人に連絡し，その指示を受けるという，施設側の硬直した緊急マニュアル体制自体に過失を認定した。場合によっては家族の連絡を常に最優先して，指示を仰ぐ必要はないということである。誤嚥事故の場合には，前述のように誤嚥物を「4分以内に吐き出さなければまず半数は助からず，一命をとりとめたとしても，大半は脳障害により社会復帰は困難となる」[4]ことから，医療機関に搬送することを優先する場合があることを認識しておく必要がある。ただ，「機械的な運用が往々にして本人および家族の意図に反した結果を招来する可能性をもつことも」[5]否定できないことから，誤嚥事故が生じた場合の連絡体制については，入所時の契約段階で事前に利用者および家族の意向を確認する必要がある。

　介護マニュアルは，全職員がマニュアルの内容を遵守して，サービスを提供することで，サービスの質の標準化を図ることができるが，マニュアルだけをすべて忠実に実行するといった硬直的な考えではなく，標準化されたサービスを土台として，その上で食事介助における利用者の属性に合ったサービスの提供が必要である。つまり，「利用者の身体状況，麻痺の状態，咀嚼力，歯の欠損，義歯の有無，嚥下の状態などや，精神状況などを的確に判断して，危険予測に対応した食事介助が求められる」[6]といえる。このように標準化されたサービスの上に個別化されたサービスを上乗せして提供すれば，介護事故の予防を兼ね備えたサービスの提供が可能となり，サービスの質の向上につながるといえる。

　この点，医療資格者でない施設職員に「医療行為の一環である吸引器の使用を行わなかったことを，過失判断に当たる」[7]とした裁判所の判断に対して，批判がないわけではない。施設職員に医療行為まで求めると，「介護職が専門家として認知され，専門職としての地位を確立すればするほど，医療職に準じて，損害賠償責任を基礎づける注意義務の基準が引き上げられる可能性が高くなる」[8]といえる。しかし，このことは，裁判所が求める今後の施設運営には，施設職員には限界ある医療行為などには，施設と医療が連携したトータルサポートシステムの構築が必要である。

　事故発生後においては，利用者の生命・身体の安全を最優先する。そのためには，初動，事実把握と連絡，医療機関との連携，利用者家族，行政への連絡・対応などを迅速に遂行することが必要である。まず，事故が生じた場合には，施設長に連絡することが必要であるが，携帯電話だけ職員が知っていても，出張などの不在の場合など，施設長不在時の命令指揮系統はどのようにするのか，責任の所在や無権限であれば迅速の対応ができないためマニュアルを作成しておくことが必要である。医療機関との連携においても，夜間や休日の際にはどのようにすればいいのか，医療機関との円滑な連携が求められるように準備する必要がある。本件事例のように，施設側に損害賠償が生じるため，保険会社や弁護士への連絡・相談，行政への連絡，対応が必要といえる。

　つまり，「福祉・医療」に「保健」を加えて，他職種間の連携を図ることが

重要といえる。医療職や保健・看護職，理学療法士・作業療法士・言語聴覚士等のリハビリテーションに関わる関係職員とソーシャルワーカーとしての社会福祉士やケアワーカーとしての介護福祉士，医師，大学教員などがチームを組んで，「チームアプローチ・チームケア」[9]が求められるといえる。施設職員独自で介護行為を行うことには限界があるため，利用者をサービス提供者一人でサービスを提供するよりも，他職種の専門家と議論を重ねて他職種間の連携の下で，利用者にチームアプローチ・チームケアを実践することが今後の施設運営には必要である。

3 介護事故裁判例の意義と今後の施設運営のあり方

(1) 介護サービスに求められるサービスの基準の確立

　介護サービスの特質上，施設側と利用者側が契約に基づいて食事介助をしたとしても，具体的な提供の仕方や注意事項について契約書に事細かに記載することは難しいといえる。食事介助の場合にはその利用状況と事業者の提供体制などを個別的・総合的に勘案して食事介助がなされるが，その場合には，食事介助のサービスの提供過程において，利用者が安全に食事をすることができるように配慮すべき，付随的な注意義務として，安全配慮義務が施設側に課せられている。

　食事介助の提供に伴う安全配慮上の施設側責任としては施設側に過失が認定される必要がある。過失責任の内容には，誤嚥事故の予測が可能であったこと（予見可能性）および誤嚥事故による死亡の結果まで職員が注意すれば回避できたこと（回避可能性）が前提となる。

　本件事案では，誤嚥による予防策として，①誤嚥のおそれのあるこんにゃく等を細かく切り刻んで，量的にも制限していたこと，②介護職員の一人を緊急時に備え，食事の見守りに徹していたこと，③誤嚥事故後においても，施設と病院が隣接しており，救急救命の連携が迅速であったこと，④救急救命の場合の専門的な知識が介護職員にあったこと，⑤実技訓練を施設側で実施してきたことなどを総合的に判断して，施設側の予見可能性，回避可能性を否定し，施設側の過失を否定した。このような予見可能性と回避可能性における本判決の

判断基準は本件介護事故が，日常的なアセスメントとケアプランの実施が通常一般的なサービス水準に照らして，適切であったかを判断することになる。

　本件事案において，当該利用者の健康診断書には「栄養士により，常食を摂取しており，摂取状況は極めて良好であること，ゆっくりとよく噛んで食べること」と記載されていた。食事において当該利用者は「どのくらいの時間をかけて，量はどのくらい食べられるのか，食欲旺盛で活発に口を動かすことができるのか，勧められてやっと口を開けるがいつまでも口の中に食べ物がたまっているのか，昼食は元気が出るが，朝は不活発になるのか」[10]ということまで施設職員は把握することが場合によっては，必要である。ただ，現実的に施設職員がここまで把握することが難しい場合でも，このような視点で食事介助を意識的に実践することが必要である。このことは，誤嚥というリスクを回避するという視点からも重要である。

　ただ，何が食事介助におけるサービス水準なのかを確立することは日常的に変動する利用者の状況や常時食事介助ができる職員体制が乏しい現状の中では難しいといえる。このような現状の中でも，安全な食事介助のサービスを提供するためには，「個別ケースの積み上げによる経験的蓄積や裁判例などの蓄積，苦情解決制度における集約，ヒヤリ・ハットの分析」[11]を通じて，職員の安全に対する意識を高めていくことが重要である。つまり，利用者一人ひとりに対する適切なアセスメントと個別援助計画によって利用者の個別化を図ると同時に施設職員の専門性の向上，職員同士のチームワークによる質の高いサービスの提供を図るための総合的な介護サービスシステムを構築することが今後必要である。

（2）サービス内容の説明と理解の徹底

　介護サービスの提供にあたっては，利用者の日々の変動とそれに伴うリスクの程度を分析し，アセスメントの結果をサービスの契約時だけではなく，定期的・継続的に利用者本人や家族に説明し理解を求めていく姿勢が重要である。つまり，施設側として「提供できるサービスの考え方，限界，人権尊重のための配慮の必要性などについて，定期的・継続的な理解があれば，リスクが現実化した場合にも，無用な紛争を避けることが」[12]できるからである。

　施設職員の前で危険性が予見された場合には，そのリスクを，本人または家族に説明して，利用者の病状における施設内の問題点，介護サービスの限界などを十分に説明し納得した上で介護事故は施設側が最善を尽くしても生じるものであることを説明することが必要である。そして，リスクの情報提供の継続性が重要である。

　介護事故が生じた場合でも，事故の報告書はできるだけ速やかに作成し，時系列的に詳細に具体的事実のみを記入することが必要である。真実の説明が利用者や家族にとって必要であるからである。また，利用者や家族に対する事故の説明は，現場の担当者ではなく，より客観的に冷静に説明できる人物（管理者・責任者・第三者委員など）に依頼することが望ましいといえる。現場の担当者は気が動転している場合が多く，責任をとって退職する場合があるからである。

　また，事故報告書の記録類は長期間保存することが必要である。具体的には，債務不履行責任の消滅時効の期間は事故発生の時から20年であるのに対して（民法第167条1項），不法行為責任の消滅時効期間は被害者が損害および加害者を知ったときから3年とされている（民法第724条）ことから，後日の紛争に備えて，電子帳簿保存法を活用して20年以上は保管する必要がある。この点，「介護保険関係法令では，完結の日から2年の保存期間と定めているのは不十分である」[13)]といえる。

（3）苦情解決制度によるリスクの防止策

　施設・事業者は「苦情への対応のみに追われることなく，苦情の対象となった職員へのアフターケアないしカウンセリングの施策を施設・事業者として制度化する必要がある」[14)]といえる。このことは苦情を受けた当事者たる職員の就業意欲を保つだけではなく，職場全体の介護に向けての取り組みを積極化する意味で有益といえる。ただ，使用者は，職員を採用する自由がある反面，「いったん雇用した職員は合理的な理由がない限り解雇」（最判昭和50年4月25日）[15)]できない。施設側としては，能力不足や軽微な義務違反による苦情の多い職員に対しては，その資質を高めるための教育訓練を実施する必要がある。研修等を通じて意識改革や技術的な習得を図り，その苦情の内容を全職員が共

有しサービスのあり方を見直す契機となることが重要である。

　また，事業者と利用者との間で適切かつ良好なコミュニケーションを確保するためには，利用者に情報の提供が行われることである。必要となるサービスに関する情報量や内容は事業者のほうが有利であるため，利用者や家族の意向を十分に反映し，納得を得ることが重要である。例えば，施設内で苦情解決制度があることを利用者に告知する方法として，「利用者・家族宛の文書での説明，ポスターやパンフレットの作成，インターネットを活用したホームページの掲載」[16]などが考えられる。後のトラブルの防止となり，施設側にとってもより安全なサービスを提供することにもつながるといえる。

　また，家族と事業者間において，利用者の状態や出来事を頻繁に情報交換し，その場で発見したリスクを利用者・事業者・家族で互いに話し合い，認識することによってリスクを共有し，家族がどのように考えているか，その本音を聞きながら，その内容によってサービス内容に反映することが重要といえる。これは，法的苦情を含まない苦情として，施設に対する「要望」として施設にはこれに応える義務まではないとしても，施設がその要望に応えることによって信頼の構築を図り，福祉サービスの向上が図られるといえる。ただ，家族との日常的かつ有効な情報交換を行う場合には，誰が，どの程度の頻度で，どのような方法で情報交換するのか一定のマニュアルやチェックシートを作ることが必要である。このことは職員によるミスを予防する効果を有するだけではなく，「当該施設では利用者に対する安全配慮義務を尽くしていることの立証方法にもなる点で有益である」[17]といえる。

　社会福祉構造改革の進展や，介護保険制度の導入により，苦情解決制度は，事故防止のための積極的な情報を収集する点で有益な制度といえる。苦情解決制度はその制度利用自体が権利であり，また苦情がサービスの改善に生かされることによって，良質なサービスを受ける権利の保障につながると同時に利用者の「地域での生活の継続」[18]に向けて，事業者との関係を調整することにある。

　すなわち，事業者が苦情を単に処理するのとは異なり，苦情を解決することは利用者にとって，「事業者の苦情の隠蔽化・密室化を防止し」[19]，自己の意向

を組み入れることができる一方で，事業者にとっては，利用者の生活支援に役立つという情報を受け入れサービスの質を向上することが可能となる。

　ただ，福祉サービス利用者が自己の有する能力に応じた自立した日常生活を営むことを重視し，可能な限り利用者の自由を福祉施設側が認めてしまうと，福祉施設側に「リスク」が高まるおそれがある。一方で，福祉施設側がサービス利用者に対して管理的になりすぎると利用者の個人の尊厳を奪うおそれがあり福祉サービスの基本理念に反するおそれがある。利用者の事故や苦情を完全になくすことは，施設側には困難を生じるため，同じ事故が二度と起こらないようにするための対策を検討することが重要といえる。

　本来，福祉サービスを考える場合，そのサービスを必要としている人の生活環境はすべて異なり，その人の家族関係や社会関係も異なってくる。家族関係といっても，関係が良好なのか，またはそうでないのかによっても相談・援助の方法も異なってくる。

　したがって，サービス利用者がどのような生活環境や社会環境の下で生活しているかを明らかにし，その上でその利用者がどのような点で，苦情が存在しているのかを明らかにすることが苦情解決制度を考える場合には必要となる。サービス利用者個々人，あるいはその家族を丁寧に個別に評価し，サービス利用のあり方の集団的，画一的提供をするだけではなく，その利用者や家族の「必要と求め」[20]に応じて，個別相談方針を立てて利用者に提供する必要がある。また，利用者一人ひとりの苦情や要望のすべてに応えていくことが現実的に困難な場合には利用者に説明して納得を得るというプロセスが重要といえる。

　次に苦情解決制度において第三者委員が相談・援助を行うにあたっては，利用者やその家族がどのような人生観をもち，どのような生き方を望んでいるかを的確に把握する必要がある。したがって，医学の診断法のように，身体的にどこの部位に病変・要因・治療法だけを検査・分析するのとは異なり，介護サービスは利用者に対して，「文字通り人間とは何かに近い評価を行い，相談援助を考えざるをえず，ソーシャルワーカーの診断法は社会福祉観，人間観に大きく左右されることになる」[21]と同様に第三者委員にもこのような視点が必要

であるといえる。

　利用者に顕在的に，あるいは潜在的に存在する生活上のニーズを把握し，それら生活上の課題を抱えている人々との間で信頼関係と契約に基づきフェイス・ツー・フェイスの形式によるカウンセリング的対応も行いつつ，利用者やその家族の悩み，苦しみを聞き，利用者やその家族が抱えている課題の解決にはどのような支援が必要かを明らかにするアセスメントを行い，利用者の求めと必要に基づき，福祉の分野においてもインフォームドコンセントを行って必要な情報を総合的に提供する苦情解決制度が必要である。

　そのため，第三者委員は，いわゆる一般的な大学教員・弁護士や医師などの「専門家」だけではなく，それぞれの地域の特性を理解し，信頼される人材によって構成される委員会構成が理想である。すなわち，大学教員・弁護士・医師などという「肩書き」にとらわれることなく，「地域生活という特性を理解し，地域生活の向上に貢献できるような第三者委員の選考が必要」22)と考える。

4 リスクマネジメントと利用者の人権尊重との調和

　本来，リスクマネジメントは本件の誤嚥事故の裁判例を通じて，利用者の安全を確保することだけに重点を置くものではない。誤嚥事故におけるリスクマネジメントにとっては，利用者の自己決定や個人の尊厳に反することにならないように，利用者の安全と人権尊重の調和が必要不可欠である。本件事案のような施設職員が誤嚥事故の責任を恐れるあまり，利用者の食事内容をすべてミキサー食などして細かくし，利用者の食の楽しみを奪うことがあってはならないのである。利用者の人権尊重の配慮に欠く過度の安全策をとることは慎むべきといえる。利用者にとっては，例えば，利用者が寿司を食する場合に，スーパーのパックに入った寿司より寿司職人が目の前で握って食するほうが同じ寿司でもおいしく感じられる，という点を看過してはならないのである。

　ここで大切なことは，利用者の食を尊重する結果，誤嚥事故のリスクが高まるのであれば利用者本人や家族と，どのような食事提供がいいのかどうかよく話し合うことである。また，誤嚥事故の危険性という情報を開示することによって，利用者と施設側がともに改善策を考える姿勢が必要である。

　本件事案のように誤嚥事故が発生し，利用者が死亡したならば，事故に関与した施設職員は，その原因が何であれ，かなりの精神的負担を負うことになる。その事故の原因をその施設職員だけの問題とすることなく，組織全体の問題として，原因や改善策を検討することのほうが重要である。

　そして，「事故の原因の分析，改善策の検討までの一連の流れにおいて，利用者や家族に絶えず情報を開示し，施設が組織としてその事故を教訓とした再発防止に努めていることを示す」[23]ことが重要である。事故が起きる前から，家族との間で利用者の生活の様子やリスクなどを定期的に情報交換し，家族側が理解を得ていれば，事故に対する施設側の責任を軽減することができるからである。普段から日々の介護サービスの実施状況とリスクの状況などの情報提供が利用者や家族に対して欠如しているならば，家族にとっては「聞いていない」「知らされていない」という思いがつのり，最終的には施設側に不利益な情報を隠蔽しているのではないかという不信感を構築することになりかねない。

　施設内で発生した介護事故は，施設全体の責任であるという認識で，組織全体で事故を予見し，防止体制に取り組む姿勢が重要である。そのためには，事故に関する情報の収集が必要である。具体的には，「事故報告書」と事故に至らなかったがその可能性のあった出来事（いわゆる「ヒヤリ・ハット報告」）の収集が有益といえる。ただ，このような報告書が当該職員の責任追及のための証拠として採用されたり，職員個々人の査定評価に結び付けることは控えるべきである。職員が上司に報告しやすい環境づくりが，多くの報告書の収集につながる。そして，この報告書の分析や対応策が職員全員にフィードバックされ，最終的には，職員間の専門性の向上，質が高い効率的なサービスの提供につながり，そして介護事故の防止にも役立つことができるのである。

　このような施設職員の資質・自覚の向上を図るための恒常的な組織体制を整え，利用者の人権に配慮した姿勢こそが今後の施設運営には求められるといえる。そのためには，本件事案のような事例の蓄積によって施設職員間に介護事故に対する共通認識や合意形成を図り，利用者の人権を尊重したリスクマネジメントの構築が必要であろう。

〈注〉
1）菊池馨実「介護事故関連裁判例からみたリスクマネジメント」『介護リスクマネジメント』旬報社（2003年）189頁　菊池は，リスクマネジメントにとって重要なことは，利用者および家族との信頼関係の構築であり，そのためには，苦情解決システムの構築や家族とのリスク情報の共有が必要であるとする。
2）『賃金と社会保障　1303号』旬報社（2001年）70頁
3）『賃金と社会保障　1284号』旬報社（2000年）43頁
4）前掲書2）70頁
5）菊池馨実「食事介助と特養ホームでの死亡事故」『賃金と社会保障　1284号』旬報社（2000年）38頁
6）シルバーサービス振興会編『事故防止・事故対応の手引』法研（2005年）83頁
7）菊池馨実・前掲書1）190頁
8）菊池馨実・前掲書1）205頁　菊池は，介護職が医療職に準じて損害賠償責任を基礎づける注意義務の基準が引き上げられる可能性が高くなる，と指摘するが，今後は介護職がなし得る行為については，看護職と介護職との業務分担と資格制度の法整備が必要であろうと思われる。
9）大橋謙策『社会福祉学研究50年の回顧と展望』ミネルヴァ書房（2004年）72頁　大橋は，高齢者福祉，児童福祉などの属性分野ごとの判断ではなく，社会福祉学に固有なアプローチ，研究方法，分析等の確立が必要であるとしている。
10）前掲書6）34頁
11）日本弁護士連合会『契約型福祉社会と権利擁護のあり方を考える』あけび書房（2002年）267頁
12）前掲書11）273頁
13）前掲書6）30頁
14）菊池馨実「介護におけるリスクマネジメント」『賃金と社会保障　1319号』旬報社（2002年）34頁
15）最高裁判所昭和50年4月25日判決『最高裁判所民事判例集　29号4巻』456頁　「使用者の解雇権の行使は，それが客観的に合理的理由を欠き社会通念上相当として是認することができない場合には，解雇権の濫用として無効となる」（解雇権濫用法理）としている。
16）平田厚『福祉サービス事業者における苦情解決　取り組み事例集』東京都社会福祉協議会（2002年）38頁
17）小嶋正『社会福祉施設における事故責任と対策』東京都社会福祉協議会（2001年）103頁
18）志田民吉『社会福祉法上の苦情解決制度について』『東北福祉大学研究紀要　第26巻』東北福祉大学（2001年）10頁
19）平田厚『利用者の権利擁護と苦情解決の意義』東京都社会福祉協議会（2000年）8頁
20）大橋謙策「地域福祉とコミュニティソーシャルワーク」『ソーシャルワーク研究　Vol.28』相川書房（2002年）5頁　大橋は，医療の分野でもインフォームドコンセントの重要性が指摘されているように，利用者の生活設計そのものに関わって「自立」援助を行う以上，利用者の「求めと必要」と「合意」に基づくケア方針の重要性をあげている。
21）大橋謙策・前掲書20）6頁
22）志田民吉・前掲書18）12頁　志田は，都道府県社会福祉協議会設置の運営適正化委員会の役割は，苦情に対しては，事業者と利用者との間の「関係の適正化に向けての斡旋，調停」を基本とし，訴訟の相手とならなければならないような対応は控え，裁判を受けて立つことでも裁判を起こす立場にもない，としている。
23）前掲書11）277頁

ケース6　特別養護老人ホームにおける誤嚥による死亡事故

横浜地方裁判所川崎支部　平成12年2月23日

平成9年（ワ）第289号　損害賠償請求事件

『賃金と社会保障　1284号』43-47頁

1　事案の概要と判旨の具体的認定基準

　特別養護老人ホームのショートステイに入所3日目の男性（当時73歳，多発性脳梗塞および重度の認知症で，全介助を必要とする）が，朝食直後意識を失い死亡したのは，施設職員が適切な処置を怠ったためで特別養護老人ホームに過失があるとし，遺族に2,200万円の支払いを命じた事例である。

〈判旨の具体的認定基準〉

（1）利用者の食事介助中に利用者の異変に気付いたときに施設職員がすべきことは何か

〈結　論〉

　食事の介助中であれば，誤嚥の可能性があることから，早急に吸引器を取りに行き応急処置を講じると同時に救急車を呼ぶことが必要である。

〈具体的検討〉

　当該施設では，緊急時には，まず家族に連絡をして，その指示を受けることになっているというマニュアルが存在していたとしても，利用者の身体上の異変が一刻を争い，生命に関わるような場合にまで，家人への連絡を優先させるような硬直した体制を取っていたこと自体に問題があると判旨は言及している。家人への連絡に手間取るなどして，適切な処置をとることが不可能となってしまう可能性があるからである。

（2）食事中の利用者の異変が誤嚥であるかもしれないと疑い，口の中を調べたが，口の中に何も入っていなかったことが施設側の過失として認定できるか

〈結　論〉

　事後的に，食べ物の誤嚥による窒息と認定されれば，施設側の過失として認定できる。

〈具体的検討〉

　判旨では通常の誤嚥の窒息のときによく見受けられる，咳やうめき声が確認できない場合であっても，事後的に誤嚥による窒息であることが判明されれば，施設側の過失を認定するとした。

2　判旨の具体的検討

　本件では，多発性脳梗塞および重度の認知症で，全介助を必要とする当時73歳の男性Aを将来的に入所準備として，3日間だけ試験的にB施設に預けていた。介助職員が当該利用者に対して，食事介助を行い，薬を飲ませたところ，異変が起こり，救急車が到着したときには，息絶えた状況であった。そこで，本件で第一に問題となるのは，Aの死因は，誤嚥による窒息死であるのか，それとも，Aの死因は，窒息ではなく心臓の発作か脳梗塞などで死亡したかどうかである。

　遺族側は施設職員が，当該利用者の飲み込みが悪いことを十分に認識しつつ，不十分な食事の管理と監視しかしなかったために誤嚥させた上，その発見が遅れ，かつ緊急時の対応をとることなく窒息せしめた，と主張する。一方で施設側は，Aの健康および安全につき十分配慮して，介護および看護にあたったものであり，その行為に過失はないとした。その理由としては，異変があった当初は咳やうめき声はなく，口の中には何も入っていなかったことを施設職員は認識していたため，吸引の措置をしなかった点をあげる。利用者の自宅に電話をいれて指示を受けた後に救急車を呼んだが，結果的には，誤嚥による窒息が原因で死亡したことが判明した。判旨では①食事の際に，飲み込みが悪く，口にためこんで時間がかかる者であったこと，②朝食時，ご飯を半分近く，なめたけおろし，なす，味噌汁のおつゆを摂取していたこと，③本件事故が朝食直後に起きていること，④救急隊員の応急処置において，口腔内から異物が発見されていること，⑤医師の診療時，気道に食物が詰まっていたこと，⑥同医師が，死因を窒息と判断していること，などから死因を食物の誤嚥による窒息と認定した。つまり，判旨は，当該利用者が食事の際に，飲み込みが悪く，口にためこんで時間がかかる者であったこと，本件事故が朝食直後に起き

ていることなどからすれば，当該利用者の異変を発見した際に，真っ先に疑われるのは誤嚥であったとして施設側の誤嚥に対する予見可能性を認定した。

　結果回避可能性については，施設側が，誤嚥を予想した措置をとることなく，吸引器を取りに行くこともせず，異変を発見してから15分間救急車を呼ぶこともなかった点で，適切な処置を怠った過失を認定した。事故後の対応としては一刻を争い，生命に関わるような緊急事態の場合に，当該施設では，緊急時には，まず家人に連絡をして，その指示を受けることになっていた体制の不備を指摘した。このことはマニュアルを遵守することという硬直したシステムではなく，柔軟な緊急時の対応が必要であることを求めたといえる。そして，本件において，仮に，速やかに背中をたたくなどの方法を取ったり，吸引器を使用するか，あるいは，直ちに，救急車を呼んで救急隊員の応急処置を求めることができていれば，気道内の食物を取り除いて，当該利用者を救命できた可能性は大きいとして，施設側の過失を認定した。

　この事例においては，誤嚥に伴う症状としては咳やうめき声がなくても，食後であれば，施設職員は誤嚥の可能性を予見するという義務が生じ，結果回避可能性としては背中をたたく，吸引器を使用する，直ちに救急車を呼ぶという対応が必要であった。家族に電話をすることは緊急時のマニュアルにおいては必要であるが，すでに，異変を発見したときには，意識レベルがなかったことから，家族にうかがいを立てる前に可能な限り人命の救出に全力を注ぐべきものといえる。それにもかかわらず，特に誤嚥による呼吸の停止は前述の判旨のように4分以内が生死の分かれ目であり，4分以上たって異物を吐き出したとしても，脳に重い障害が残り社会復帰が困難になることから，施設職員の迅速で適切な処置が重要といえる。判旨の見解からの今後の施設側の対策としては，利用者の食後の異変は誤嚥の可能性があることを認識して，家族の連絡より先に救急処置を迅速に講じることが必要であることを示しているといえよう。

ケース7　送迎中の転倒・骨折死亡事故

東京地方裁判所　平成15年3月20日
一部判決　一部認容　一部棄却（確定）
平成13年（ワ）21116号　損害賠償請求事件
『判例時報　1840号』20-26頁

1　事案の概要と判旨の具体的認定基準

〈事案の概要〉

　医院でデイケアを受けていた高齢者が医院の送迎バスを降りた直後に転倒して骨折し，その後肺炎を発症して死亡したことにつき，医院・患者間における診療契約と送迎契約とが一体となった無名契約の成立および医院による同契約上の義務違反，および転倒による骨折のみならず，その後発症した肺炎および死亡と当該義務違反との相当因果関係を認め，医院の設置運営者の債務不履行責任を認めた事例である。請求金額は3,315万円余り，認容額は686万円，被害者に4割の過失を認定した。

〈判旨の具体的認定基準〉

（1）利用者の送迎中の事故につき，送迎バスの運転手が利用者の生命および身体の安全を確保するための義務とはどのような義務か

〈結　論〉

　運転手は，医院へ通院するために利用者を送迎するにあたっては，利用者の年齢，身体状況に加え，送迎の際に存在する転倒の危険性を予想して，利用者の生命および安全を確保すべき義務を果すことが必要である。そのために利用者の移動の際に常時介護福祉士が目を離さずにいることが可能となるような態勢をとるという義務が発生する。

〈具体的検討〉

　本件事例では，利用者が送迎バスを降車した後，介護福祉士である運転手が踏み台用のコーラケースを片付けたり，スライドドアを閉めて施錠するなどの作業をするなどして，目を離している間に利用者が転倒した事例である。判旨

は，安全義務としては送迎バスが停車して利用者が移動する際に同人から目を離さないようにすること，それが困難であるならば，送迎バスに配置する職員を1名増員するなどが必要であったとし，本件事故のような転倒事故を防ぐための措置をとらなかったことに過失を認定した。

　このことは，利用者の送迎に関しては，踏み台を片付ける，ドアを閉める場合であっても，利用者から常時目を離さないようにするという安全上の注意義務が運転手に課せられているといえる。

（2）医院においてデイケアを受けていた利用者が，送迎バスを利用した場合に，診療契約と送迎契約は一体となったいわゆる無名契約を締結したといえるか

　〈結　論〉

　利用者が，当該医院においてデイケアを受けるとともに，その通院にあたって当該医院の送迎バスによる送迎を受けるという，診療契約と送迎契約が一体となった無名契約を当該医院との間で，締結していたものといえる。

　〈具体的検討〉

　本件においては，判決では①当該医院ではデイケアを行う部署と患者の送迎を行う部署とが区別されていないこと，②デイケアの際に介護に従事していた介護福祉士が当該利用者ら患者の送迎をも行っており，デイケアそのものについての診療費，デイケアの際の食事代，雑費などとともに送迎代も一括して請求していること等の事情から，デイケアと送迎を一体のものとし，診療契約と送迎契約が一体となった無名契約を当該医院との間で，締結していたとした。

（3）高齢者がデイケアを受けていた医院の送迎バスによる帰宅時に転倒して骨折し，その後肺炎を発症して死亡するに至ったという事案について，転倒による骨折のみならず，その後発症した肺炎および死亡と当該義務違反との相当因果関係はあるか

　〈結　論〉

　判旨では，一般に，高齢者の場合，骨折による長期の臥床により，肺機能を低下させ，あるいは誤嚥を起こすことにより，肺炎を発症することが多い。そして，肺炎を発症した場合に，加齢に伴う免疫機能の低下，さらに骨折（特に大腿骨頸部骨折）および老年性認知症等の要因があると，予後不良（難治化）に働く可能性がある。とすると，大腿骨頸部骨折を負った後，肺炎を発症し，最

終的に死亡に至るという経過は，通常人が予見可能な経過であるとして，相当因果関係を認めた。

2 判旨の具体的検討

　当該利用者は老年性認知症の当時78歳の高齢者であり，当人が転倒骨折した場合には，当該医院は，本件事故による受傷と手術により，寝たきりの状態になり，身体，精神機能が低下することにより，容易に肺炎を発症し，食欲低下により低栄養状態になり，また，骨折により寝返りすることができずに筋力や体力も低下し全身が衰弱して，肺炎が重症化して死に至る危険性を十分に予見することができたとして，裁判所は安全確保義務違反と死亡との間に相当因果関係があるとした。

〈判旨の具体的検討〉

　本件事例では，高齢者がデイケアを受けていた医院の送迎バスによる帰宅時に転倒して骨折し，その後肺炎を発症して死亡するに至ったという事案について，医院・患者間における診療契約と送迎契約とが一体となった無名契約の成立および医院による同契約上の義務違反を認め，かつ，転倒による骨折のみならず，その後発症した肺炎および死亡と当該義務違反との相当因果関係を認めた点は今後の施設の安全配慮義務の範囲が非常に大きいことを意味しているといえる。

　まず，送迎の料金が1日200円で低額なため，送迎契約は無償契約に近い場合であっても，診療契約と送迎契約は一体となった無名契約と捉えて，医院側に高度の注意義務を課したといえる。高度の注意義務の内容としては，契約に付随する信義則上の義務として，当該利用者を自宅の玄関口で預かり玄関口まで送り届ける間，不可抗力以外の万全の措置を講じて同人の生命および身体の安全を確保すべき義務という「安全確保義務」を当該医院側が負担することになる。このことは，200円の送迎代が低額であることを理由に注意義務の程度が自己と同一の程度に軽減する理由にはならないことを示しているといえる。

　次に，当該利用者のバス内の状況においては，いつも最後部の座席に座り，一人で身をかがめて座席の間を歩行して，乗降口と最後部座席とを行き来して

いた状況であった。このような自力歩行が可能な日常的な作業を行うことができる当該利用者においても，判旨は以下の理由で当該医院の過失を認定した。つまり，判旨では「当該利用者は，事故当時78歳の老年者で，貧血状態にあって，体重も減少傾向にあったのであるから，ささいなきっかけで転倒しやすく，また，転倒した場合には骨折を生じやすい身体状況にあった。さらに，本件事故の現場は，一部未舗装の歩道であって，必ずしも足場のよい場所ではなかったのであるから，亡太郎が転倒する可能性があることは被告において十分想定することができた。このような，亡太郎の年齢，身体状況に加え，送迎の際に存在する転倒の危険に鑑みるならば，当該医院は，当該利用者の生命および安全を確保すべき義務を果すため，被告医院へ通院するために亡太郎を送迎するにあたっては，同人の移動の際に常時介護士が目を離さずにいることが可能となるような態勢をとるべき契約上の義務を負っていたもの」とした。このことは，外形的には車内を自立歩行するなど十分な体力があるようにみえても，利用者の年齢，身体的な状況など，事前に調査して安全確保に十分に配慮しておく必要があることを示しているといえる。

　また，送迎バスに乗車する介護士としては，佇立している当該利用者を確認する程度では，注意義務を十分に果したとはいえないといえる。つまり，常時，当該利用者から目を離さずにいる態勢をとることが当該介護士には必要であるとし，「踏み台を収納するなどの作業をしていたから」「事理弁識能力を有する者の送迎は，介護士一人で十分である」ということは注意義務を軽減する理由にはならないのである。

ケース8　ボランティアの見守り義務違反による転倒・骨折事故

東京地方裁判所　平成10年7月28日判決

平成7年（ワ）第6296号・第20624号　損害賠償請求事件

『判例時報　1665号』84-89頁

1　事案の概要と判旨の具体的認定基準

　社会福祉協議会が派遣したボランティアが身障者の歩行介護を行っている間に身障者が転倒した事故につき，右協議会と右身障者との間に契約関係が存在しないとして，右協議会の債務不履行責任が否定され，事故につき，右ボランティアの善管注意義務が否定された事例である。

〈判旨の具体的認定基準〉

（1）ボランティアが身障者の歩行介護を行っている間に身障者が転倒した事故につき，派遣した社会福祉協議会とボランティアとの間に，介護者派遣に関する準委任契約が成立するか

〈結　論〉

　被告協議会が依頼に応じてボランティアを「派遣」したとしても，これによって，当該ボランティアと社会福祉協議会との間に準委任契約たる介護者派遣契約は成立しない。

〈具体的検討〉

　ボランティア活動とは判旨では，「本来，他人から強制されたり，義務としてなされるべきものではなく，希望者が自分の意思で行う活動である」とする。このことは，社会福祉協議会とボランティア派遣依頼者との間に，ボランティアの活動を債務の内容とするような準委任契約が成立するとなると，債権・債務の関係が発生し，社会福祉協議会は，ボランティアを自己支配化において，ボランティアに命じるという債務を履行するという利用者の依頼の趣旨に従った活動をすることを義務付けることになる。

　このことは他人から強制されたり，義務としてなされるべきものではなく，

自分の意思で行うというボランティア活動の本旨に合致しないといえることから当該ボランティアと社会福祉協議会との間に準委任契約たる介護者派遣契約が成立しないことになる。つまり，契約を前提とした債務不履行責任はそもそも問題とならないとした。

（2）歩行介護を行うボランティアの利用者に対する注意義務はどの程度か

〈結　論〉

判決では歩行介護を行うボランティアには，障害者の身を案ずる身内の人間が行う程度の誠実さをもって通常人であれば尽くすべき注意義務を尽くすことが要求されているというべきであるとした。

〈具体的検討〉

判決ではボランティアには通常人であれば尽くすべき注意義務を尽くすことが要求されているとしたが，他方で，障害者の歩行介護を引き受けた以上，歩行介護を行うにあたっては，善良な管理者としての注意義務を尽くさなければならず（民法第644条），ボランティアが無償の奉仕活動であるからといって，それゆえ直ちに責任が軽減されることはないとした。このことは，素人であるボランティアに対して医療専門家のような介護を期待することはできないが，場合によっては無報酬を理由にボランティアの注意義務が軽減されるものではないことを認定したといえる。

（3）歩行介護のボランティアが利用者の側を離れるに際して，利用者に「ここで待っていて下さい。タクシーを呼んできますから」と言って，利用者を残してタクシーを呼びに行った場合に，どのような安全上の配慮が必要か

〈結　論〉

判決では利用者を待たせている場所に関しては，人の往来が激しい危険な場所ではなく，待たせる時間は長時間ではいけない，という安全上の義務を課した。

〈具体的検討〉

本件事例では，利用者が判断を誤って介護者なしで歩き始めた利用者原告自身の過失による責任であると認定したが，タクシーを呼びにいくわずかな時間，その場を離れたとしても，歩行介護を行うべき注意義務を尽くしたとし

て，当該ボランティアは責任を負わないとした。

2 判旨の具体的検討

　判旨ではボランティアの注意義務について，ボランティアであるとしても，障害者の歩行介護を引き受けた以上，善良な管理者としての注意義務を肯定し，ボランティアが無報酬であるからという理由で注意義務責任が軽減されるものではないとした。他方で，医療専門家のような介護を期待することは無理であるため，「障害者の身を案ずる身内の人間が行う程度」の注意義務がボランティアにあることを示唆した。この「身内の人間が行う程度」の注意義務とは，介護サービスの内容，介護を受ける者の身体的能力，判断能力の程度，介護を受ける者が置かれた状況等など総合的に判断することになる。

　本件の場合には，ボランティアといえども，一度，事故発生の危険性の高い介護を引き受けた場合には，善良な管理者としての注意義務が発生して，自己と同一の注意義務ではなく，高度な注意義務に等しい安全上の配慮が必要であることを示しているといえる。「ボランティア保険に入っているから介護事故が生じても安心」「無報酬であるから，または素人であるからという理由で注意義務は軽減される」という考えは成立しない場合があることを判旨は示しているといえる。

ケース9 利用者同士のトラブルによる転倒事故の責任

大阪高等裁判所　平成18年8月29日

平成17年（ネ）第2259号　損害賠償請求控訴事件

原審　神戸地方裁判所姫路支部　平成15年（ワ）第1005号

『賃金と社会保障　1431号』41-69頁

1 事案の概要

　施設職員の監視の範囲外で発生した入居者同士のけんかや暴力等について施設側の責任を認めた判例がある。本事例では特別養護老人ホームでショートス

テイを利用していた当時93歳の女性が，同じくショートステイを利用していた当時92歳の女性に，車椅子に座っている状態から背中を押されて前方に転倒し，顔面打撲，左大腿骨頸部骨折等の傷害を負い，両下肢の機能全廃等の後遺症を負った。この転倒事故につき，同ホームを運営する社会福祉法人および早期に骨折を発見できなかった病院を運営する医療法人に対し，裁判所は安全配慮義務違反を認め，約751万円の請求に対して約527万円請求を認容した。

〈事案の概要〉

　A（被害者，原告）は，本件事故当時93歳の女性で，認知症の進行により，要介護5に認定され，2000年（平成12年）10月からショートステイを利用するようになった。本件事故以前には，人の介助があれば，杖なしで自力歩行が可能であったが，転倒することも多く，座っている際に前後に傾いて転倒することもあった。Aは，2002年（平成14年）11月17日に発生した本件事故後，身体障害者等級一級に認定され，食事・排泄・衣服の着脱も一人でできない状態になった。一方，直接の加害者は当時92歳の女性（以下Bとする）で，要介護3に認定され，認知症の症状があり，本件事故の約半年前からショートステイを利用していた。歩行は，外出時は車椅子で，自宅では杖を使ったり這って移動したりしており，物につかまって伝い歩きをすることはできた。施設側は，転倒の危険性が高く，見守り等の注意を払う必要があることを申し送りしていた。本件事故当時，施設には70名の利用者がいたのに対して，介護職員は3名が勤務していた。3名のうち1名は，空調確認に巡回しており，1名は別の階までごみを捨てにいっており，実際に利用者の介護をしていたのは残った介護職員Sだけあり，Sは他の利用者のおむつ交換をしていた。

　2002年11月17日午後8時15分頃，デイルームで，自分の車椅子に座ってテレビを観ていたAを，車椅子を間違って使われていると誤解したBが背後から押し，その勢いでAは前のめりに転倒した。

　事故当時，Bは自室で家族の迎えを待っているように言われていたところ，自室から出てデイルームに入っていき，Aの車椅子を自分のものと勘違いして車椅子のハンドルをつかんだ。Sは，Bがデイルームに入っていくところを見かけたため，Bの元へ行き，Bに対して，Bの車椅子を示し，ハンドルをつか

んでいる車椅子はAのものであることを説明して自室に戻らせた。Sは他の利用者のおむつ交換に戻ったが，Bは再度デイルームへ行き，Aの車椅子のハンドルをつかんだり，Aの背中を押したりしていたので，それに気付いたSが，再びBに言い聞かせて自室に戻らせた。Sは，再び他の利用者の世話を続けたが，Bはその後もまたデイルームへ来てAの車椅子のハンドルを揺さぶったり，Aの背中を押したりしたので，Sは，またBを自室に戻らせた。その後，Sが他の利用者の衣類交換を行っているとき，デイルームでドスンという音がした。Sが駆けつけると，デイルームでは，Aが車椅子の横にうつ伏せに倒れていた。車椅子は倒れておらず，Bは車椅子の背後にハンドルをつかんで立っていた。事件発生の瞬間は，デイルームには誰もおらず，AとBの他目撃者はいなかった。

2 争点における原告・被告の主張と判旨

〈原告側の主張〉

70名の利用者に対して介護職員が3名のみという介護体制自体，管理義務違反にあたる。Bは認知症の状態にあり，徘徊を繰り返し，暴力的行動を起こすことも度々あったのであるから，あらかじめそれに応じた注意を払っておくべきであった。また，本件事故の際の対応につき，Bを強制的に自室に戻らせるのではなく，Bが以後Aの車椅子に執着することがなくなるような対応をすべきであった。Sの対応は，認知症の高齢者の不適切な行動に対し，介護者が不適切な対応をし，その対応が高齢者自身の行動障害を誘発するという悪循環をもたらす典型的なものであって，Sの対応がBの暴力を誘発したというべきである。

〈被告側の主張〉

本件事故は，施設職員の監視，監督義務の範囲外で発生したものである。当施設は完全介護施設ではなく，常に一人ひとりの介護を行うことは困難であり，入居者同士のけんかや暴力等についてすべての行動を24時間態勢で監視，監督することはそもそも不可能であり，そこまで高度な安全配慮義務は要求されていない。また，本件事故は予見不可能であった。

〈裁判所の判断〉

　Bは，二度，三度と重ねて執拗にAの乗っている車椅子は自分のものであると主張し，しかも，その行為も，単に車椅子をつかむというものではなく，これを揺さぶり，さらに，Aの背中を押したりと直接有形力を行使していたものである。そして，このようなBの行動に照らせば，Bは，Sの説得には納得せず，その後も継続してAに同様の行為を行うことは予測可能であったというべきであり，このことは，被控訴人Yにおいても，自認するところであって，むしろ，このような経過に照らせば，Bの行動は，さらにエスカレートしていくことも十分に予測可能であったといえる。しかも，Bは日頃から，当施設において，不機嫌となって介護職員に対し暴言を吐いたり暴力的な行為をしたり，更衣に際し，興奮，立腹し，暴言を吐いたり，職員の手や体を叩いたりして抵抗した，また，大声を出したり，職員に手をあげ，足で蹴ろうとした，職員が着替えをさせようとすると，引っかく，叩くなどして抵抗し，着替えをさせることができなかった等の暴言や暴力行為を行っていて，当施設の職員においては，このようなBの言動を承知していたはずである。加えて，Bは本件事故当時92歳で，自力歩行はできなかったが，原審証人Vの証言によれば，若いときから肉体労働をしていて腕力が強く，他方，Aは，身長140センチメートルに満たず，体重約33キログラム程度の小柄な体格であり，前記のように，Bが，Aの車椅子のハンドルを揺さぶったり，Aの背中を押したりすれば，「前方へと転落」させ，本件のような事故が発生し得ることは容易に予見が可能であったというべきである（身長が低く，体重の軽いAでも，車椅子に深く座っていれば，たやすく落下することはないと考えられるが，AがBの行動を避けようとして身体をずらしたりすると，前方へ落下することは十分あり得ることである）。そうであれば，Sは，単に，Bを自室に戻るよう説得するということのみではなく，さらに，Aを他の部屋や階下に移動させる等して，Bから引き離し，接触できないような措置を講じてAの安全を確保し，本件事故を未然に防止すべきであったものというべきところ，このような措置を講ずることなく，本件事故を発生させたものであり，被控訴人Yには，安全配慮義務の違反があるといわざるを得ない。

　以上によれば，被控訴人Ｙが，Ａに適切な治療を受けさせる義務があったにもかかわらず，これを怠った注意義務違反の有無について判断するまでもなく，被控訴人Ｙには，本件事故につき，安全配慮義務の違反があり，Ａに生じた損害について，これを賠償する責任があるというべきである。

3 判旨から学ぶリスクマネジメント

　本判決では２つの注目すべき介護サービスを提起している。第一に，以前にトラブルを起こした利用者に対しては，介護職員が説得だけを繰り返しても，その後も同様のトラブルを継続することを予測すべきであるとした。第二に施設職員は，トラブルを起こしている利用者を自室に戻るよう説得するのみならず，さらに，当該利用者を他の部屋や階下に移動させる等して他の利用者から引き離し，接触できないような措置を講じて他の利用者の安全を確保し，本件事故を未然に防止すべきという安全配慮義務の範囲を拡充した，点である。

　このことは，施設職員が３回，問題を起こした利用者を自室に戻らせて，または，自室に戻るように説得させても，他の利用者との接触が可能な状態が続いていれば，施設側は責任を負うことを判旨は示している。

　本事案では「利用者の要因」「介護従事者の要因」「環境の要因」の３つの介護事故構造的要因が複合的に起因して介護事故が発生したと思われる。

　第一に「利用者の要因」としては，Ｂは日頃から，暴言や暴力行為を行ったという前歴があった。しかも，若いときから肉体労働をしていて腕力が強い，という身体的特徴があった。

　「介護従事者の要因」としては，施設職員は入居者同士のけんかや暴力等についてすべての行動を24時間態勢で監視，監督することはそもそも不可能である，という意識をもっていた。また，車椅子に深く座っていれば，前方へ落下の危険はないであろうと過信していた。

　「環境の要因」としては，本件事故は，施設職員の監視の範囲外という環境の中で，事故が発生した。

　以上３つの要因が複合的に重なり合った場合に事故が起こる可能性が高いが，２つが重なった場合でもリスクゾーンとして対応しなければならない。そ

して，3つの要因は一定に固定したものではなく，常に流動的であり，その要因の割合や比重がさまざまであることを認識しておくべきである。

このような粗野な態度や言葉で接してくる利用者に対して，今後施設職員は冷静かつ公正にこの利用者の全体像をどのように把握し，事故発生を予見し，事故発生を回避するべきであろうか。

介護の現場では，利用者個人を尊重し，残存能力を活用した自己決定権を尊重しつつ，利用者の介護事故を防止するため，現場の介護従事者はプロとして，これら現場の難しい局面において，瞬時に最適の措置を判断し選択して，的確に実践しなければならない。この最適の措置の選択および実践は，「マニュアル」だけではなく，知識と技能と理念を身に付けたプロとしての自覚をもつことが大切である。

その知識と技能と理念を身に付けるためには，単に利用者本人によって言語として明確に伝えられたものにとどまらず，意識化されていない本人のニーズを本人の言語の端々や態度など，全身，全体から発せられるシグナルから把握されるべきものである。本事案では，依然から，暴言，暴力行為の前歴があるBが，3回もAの車椅子のハンドルをつかんだり，Aの背中を押したりしていた。他人の車椅子を自分のものとして，執拗に固執している状況から，潜在的に介護職員の説明，説得は受け入れない状況であったはずである。

そのため，粗暴な利用者に対しては，他の利用者の安全を保持するために，説明，説得だけでは対応できない場合には，自室に戻すだけではなく，人権侵害の及ばない範囲で一時的に別室に移動させることも必要であろう。その場合には，他の利用者と接触できないように外から鍵をかけ，室外から様子を見るだけではなく，施設職員としては，介護の専門家として，当該利用者の近くに寄り添って排泄介助の状態になっていないかどうかを確認し，手をさすったりなどして，落ち着かせることが重要である。

ケース10　災害時の利用者の行動特性と今後の施設職員の対応

1　はじめに

　東日本大震災は多くの人の命を奪い，生存者の生活や財産，地域やコミュニティ，行政活動，経済機能を崩壊させてしまった。死者・行方不明者の数字は，決して無駄にしてはいけない命の数である。被災地では復旧・復興が活発化しつつある一方で，大きなショックを受けて未だ悲しみや将来の不安を抱えているのが実状である。

　本稿では，ここまでみてきた介護事故裁判事例を参考に，社会福祉施設は，災害時にはどのように対応すべきであるのか，利用者の特性を介護事故裁判事例から分析して，今後の震災に備えて，社会福祉施設の行動指針について検討することを目的とする。施設職員としては，今後，震災のような災害時に利用者に対してどのように対応すべきかが改めて問われているといえる。

2　災害時の利用者の行動特性と対応方法

　リスク論からすれば地震などの自然災害は予測困難のため，人的被害をゼロにするということは不可能である。つまり，人的被害を完璧になくし，災害を防止するという「防災」はできないのである。大規模災害が発生したときに，いかに人的被害を軽減させるのか，災害にあったときに，災害というリスクを軽減させるかという「減災」の視点が自然災害では大切なことである。「想定外」という言葉を耳にするが，いつ，どの場所でどのタイミングで地震がくるのか予想できないように，そもそも「自然」そのものは想定できないから「自然」なのである。ただ，リスクは皆平等に降り注ぐため，リスクを軽減する方法を考える必要がある。

　災害リスクはほとんどが災害や事故の発生時に起こる。逃げ遅れや一瞬の判断ミスが生死を分けるため，震災が発生した直後は，施設職員すべては自分の命を守ることが最優先であるが，その後，同時に切迫した状態での業務の役割

遂行として，利用者の安全確保が求められる。

　地震の場合は大きな揺れがおさまっても，余震が続くため，余震に注意しつつ，利用者の安全確保と同時に安否確認を行う必要がある。震度6強以上の震災時は，電気，ガス，水道などのライフライン，すべてが使用できなくなり，しかも，震災後は余震が頻繁に続くため，利用者は不安に怯えるようになる。そのためには，施設職員は，利用者の安全確認を行いつつも，落ち着いた態度で利用者への声かけをし，不安を解消させることが求められる。

　そこで，利用者が不安になったときの特性を知る上で参考となる介護事故裁判事例としては，夜間に，全盲の利用者が三階から転落死亡した事案がある（本章「ケース4」，p.156）[1]。本事案の争点は，全盲で認知症の70歳の女性が興奮したので，心身の鎮静化を図るために，三階の別室に移動させた場合に，施設側にはどのような安全配慮義務が生じるか，という点である。震災時のように災害時にパニックになった利用者への対応方法において特に参考となる裁判例である。以下あらためて検討する。

③ 介護事故裁判事例から学ぶ災害時の利用者への対応方法

　緊急時には，パニックになった利用者を別室に隔離することが予想されるが，介護職員からも利用者が声をかけられず情報が途絶したに等しい状況において，数時間が経過すれば，眠気や尿意を催す等心身に何らかの反応が生じたり，そうでなくとも，どの程度時間が経過したのか，特に全盲であれば自分がどこにいるのか等が案ぜられたりすることは通常起こり得る変化であって，そのために出窓のフェンスなどの他の場所へ移動することを試みることは，通常人でも自然な行動として大いにあり得るにもかかわらず，室外から当該利用者に気付かれないよう様子を見るにとどめる措置を継続させ，就寝可能な環境を提供せず，当該利用者に声をかける等もしなかったこと自体の過失を認定した。つまり，災害時において利用者を隔離しても施設職員は利用者に積極的に声かけをして状況を確認しなければならないのである。

　災害時の施設職員の行動指針として，災害時には，全職員がそれぞれの任務で慌ただしく動き回っている中で，避難所1か所の安全な場所に避難させる必

要がある。また，寝たきりの利用者はベッドごと移動させ，無理なら担架で運ぶことも必要である。通常，利用者は職員と一対一で精神状態が安定するような状況であれば，職員とも簡単な会話はでき，衣服の着脱などもできる。しかし，避難場所などのように，多人数でいる場合には，利用者は緊張して，冷や汗をかいたり，ほとんどしゃべれなくなったり，何もできなくなったり，また，不安定になり，帰宅したがったり，廊下をうろうろするといった，症状動揺という「特変」が生じる可能性がある。つまり，このような状況では落ち着いて待機指示を守れる状況にはないのである。災害時には利用者は待機場所によって刻一刻と「心身の状況」が変化するため，利用者の「心身の状況」に応じたきめ細やかな介護サービスが常に求められるのである。そのため，利用者同士が手をつなぐ，また常に声かけの視点を忘れずに，利用者の動揺や不安を抑えるような措置を講じる必要がある。

　また，応急的なケアが必要な利用者の対応方法としては，災害時には，施設職員だけでは限界があるため，近隣住民に協力を求めることが必要である。そのため，施設の各利用者の介護計画（ケアプラン）がどのように実施されているのかを確認する方法としてケアマニュアルボード（Ｂ５判程度の大きさの紙をクリアケースに入れたもの）を作成し，利用者の車椅子の背面やベッド脇に貼って（吊るして）おく，という方法がある[2]。他の施設職員や，利用者のケアが初めての一般の人がケアをする場合でも，利用者ごとの注意点がわかるため，応急的なケアをすることが可能であるが，一般人はあくまで素人であるため施設職員の指示の下でケアをする必要がある。

4 今後の災害に備えて

　災害時には停電になるため，人工呼吸器が必要な利用者のためには，緊急時に備えて自家発電装置の設置が必要である。自家発電装置は，普段使わないと，劣化する可能性があるため，施設内で野外活動のイベントで自家発電装置を使う習慣を付けることが肝要である。特に寒冷期には低体温症で死亡する可能性があるため，自家発電装置がない場合には，緊急的に森林を伐採してたき火をおこし暖を取る，などの対応も大切である。

　また，災害時には近隣住民の協力が必要となるため，施設側の行事などを通じて常日頃から交流をもち続けることが大切である。震災時には，施設が「緊急避難所」となるため，近隣住民が多数助けを求めることになり，必然的に食糧の不足が予想される。行政や自衛隊などの救援物資を待つのではなく，自分たちでできることは可能な限り自分たちで準備する発想が必要である。具体的には，米農家は備蓄している米が多いことから，米農家などの協力を求めて米を支給してもらい，停電時には，ガスコンロやたき火を利用して，炊き出しをすることが重要である。

　また，利用者の安否確認は，通常の自転車より，電動付自転車のほうが，効率がいいため，施設で最低1台は確保しておく必要がある。

　今後の災害に備えての心構えとしては，「災害がきても自分は大丈夫であろう」「ここまでは津波はこないだろう」という発想ではなく，「震度6強の地震が，必ずまた起こる」「ここまで津波は必ずくる」という前提の下に，避難訓練などの事前対策の準備が大切である。「前回の震災でも大丈夫であったから，また地震が起きても自分の施設は大丈夫であろう」と油断することが一番危険である。東日本大震災のような大地震は再び必ず起こる。今後の震災では自分の生死はわからないという気持ちを，常に意識的にもち続けて，災害に備えて「準備しすぎる準備」をすることである。準備しすぎて無駄になることはないのである。たとえ，台風の直撃が予想される中で，実際は台風がそれて直撃しなくても，「今回はたまたま台風がそれて，助かった」という発想をもち，十分すぎるほどの事前対策準備が必要である。また，震災直後では，情報収集能力がどれほどあるのか，が生死を分ける可能性がある。つまり，携帯電話（携帯端末）でもテレビが観られるワンセグやインターネットに接続できるスマートフォンなどの機種や，車のテレビ付のカーナビゲーション，電池付のラジオなど，停電時には通常のテレビやパソコンが使えない状況の中で，このような機種（発電・充電機器も含め）を備えることが重要である。自然は未知の体験を常に提供するため，もともと想定できないものである。ガソリンがなければ，車は鉄の塊でしかないのである。機械に常に頼るという発想ではなく，最後に必要なものは人の力，英知の結集が必要である。

　災害時には，施設側としては，負傷者の救助・応急手当・病院への搬送など
の救護班，利用者を安全な場所へ避難させる避難誘導班，食糧や飲料水の確保
などの緊急物資班，正確な情報を入手する情報班など，災害対策本部を施設内
に設置して，各職員に役割を与えることが必要である。施設職員が動揺すると
利用者も不安になり，ますます怯えるようになる。災害時には，なりより私的
な感情を抑えつつ冷静に対応することが大切である。
　東日本大震災など近年の大地震を経験した者の現状としては，自宅の倒壊，
家族や親しい人の喪失，見慣れない異常な光景など，施設職員，利用者は，過
去の出来事が追体験として繰り返しはっきりと思い返されるフラッシュバック
や，揺れていないのに揺れているような錯覚に陥る「地震酔い」に日々悩み苦
しんでいる。中には，アルコール依存症，薬物依存症，ギャンブル依存症など
に陥る可能性もある。
　今後大切なことは，すべての施設職員や利用者を含めた被災者全員は「震災
だから仕方ない」という「あきらめ・甘え」から脱却し，前向きに元気よく明
るく日常生活をこなし，災害に備えた事前対策準備を意識的にもち続ける視点
こそが今後の「減災」につながるものといえよう。

〈注〉
1）『賃金と社会保障　1280号』旬報社（2002年）14-21頁
2）公益社団法人全国老人保健施設協会編集『介護老人保健施設震災マニュアル』社会保険研究
　所（2012年）36頁

保育事故裁判事例とリスクマネジメント

1 児童らのそばを離れた指導員に過失が争われた事案

東京地方裁判所　昭和55年1月29日判決　『判例時報　970号』164頁

　台東区が運営する「鍵っ子保育」で，プロレスごっこをしている最中に負傷した児童からの運営者に対する損害賠償請求について，児童らが行っていたプロレスごっこは児童同士が組み合って争い，相手の肩を床に押え付けて「1，2，3」と数えることによって勝敗を決するものに過ぎないことが認められ，児童の性別，年齢，人数，場所等からみて相当であり，これを行うことを許し，児童らのそばを離れた指導員に過失はなかったとして，請求を棄却した事例がある。

2 医師および看護師らに対する注意義務違反の事案

盛岡地方裁判所　昭和47年2月10日判決　『判例時報　671号』79頁

　病院に入院中の幼児が窓際に接して置かれたベッドの上で遊んでいる際に窓から転落して死亡した事故では，判決ではベッドの配置に問題があったことに気付かず放置した医師および看護師らに注意義務違反があったとして病院の責任を認めた事例がある。

3 幼児の誤嚥事故において重大な後遺症が生じた事案

鹿児島地方裁判所　平成20年5月20日判決　『判例時報　2015号』116頁

　カプセル入り玩具のカプセルを幼児（2歳）が誤嚥し窒息状態になり重大な後遺症が生じた事故では，製造会社の製造物責任法に基づく損害賠償が認められるとともに，幼児の保護者にも事故を防止する注意義務を十分に果たしていないと，7割の過失相殺を適用した事例がある。

4 監視義務違反があるとした事案

千葉地方裁判所　平成5年12月22日判決　『判例時報　1516号』105頁

25分間隣室で別の作業に従事し，乳幼児が音を立てるなど顕著な外部的徴表により異常を示したとしても困難な状況に放置していた点に監視義務違反があるとした事例がある。

5 プール監視員の過失において，幼児が溺死した事案

岡山地方裁判所　昭和44年12月10日判決　『判例時報　590号』55頁

監視員の過失において，市営プールにおいて幼児（5歳）が溺死した事案につき，監視員の過失を認定し，その使用者である市の不法行為責任を認めた事例がある。

6 大人用と子ども用併設プール内において児童が溺死した事案

大阪高等裁判所　昭和49年11月28日判決　『判例時報　773号』97頁

国家賠償責任において，大人用と子ども用の併設プール内において児童（7歳）が溺死した事案につき，プールの設置管理に瑕疵があるとして，国家賠償責任が認められた事例がある。

7 幼稚園年少組の水泳指導中，園児が溺死した事案

大阪地方裁判所　昭和62年3月9日判決　『判例時報　1256号』55頁

不法行為に基づく損害賠償責任において，私立幼稚園の年少組の水泳指導中，園児（3歳）が溺死した事案につき，指導担当教諭に過失があるとして，教諭および幼稚園の不法行為に基づく損害賠償責任を認めた事例がある。

8 幼児が用水路に転落し重傷を負った事案

横浜地方裁判所　昭和61年7月24日判決　『判例時報　1210号』102頁

フェンスの設置・管理において，幼児（3歳）が団地にある遊園地と用水路との間のフェンスをくぐり抜けて用水路に転落し重傷を負った事案につき，当

フェンスの設置・管理および用水路の管理に瑕疵があったと認定された事例がある。

9 園内保育中に幼稚園教諭が園児にやけどを負わせた事案
東京地方裁判所 昭和45年5月7日判決 『判例時報 612号』66頁

不法行為責任において，幼稚園教諭が自己の背後に熱湯入りやかんを置いていたところ，走ってきた幼児（5歳）がそのやかんにつまずき転倒して熱湯を浴び，当該教諭が慌てて幼児のズボン等を脱がせたことにより皮膚がはがれケロイド痕を残してしまったという事案につき，当該教諭において保育室の床上に熱湯入りのやかんを置いた点および熱湯により皮膚と密着した着衣を漫然と脱がせた点に重大な過失があるとして，当該教諭およびその使用者に，不法行為責任を認めた事例がある。

10 園内保育中に保育士が園児にやけどを負わせた事案
盛岡地方裁判所一関支部 昭和56年11月19日判決 『判例タイムズ 460号』126頁

不法行為責任および債務不履行責任において，保育士が熱湯入りバケツを運搬中，廊下に走り出てきた園児（4歳）がその保育士にぶつかり，その拍子に同園児がバケツ内の熱湯を浴びて終生残る熱傷瘢痕の傷害を負ったという事案につき，当該保育士の過失を認定し，同保育士の雇用者である保育所（経営者）に不法行為責任および保育委託契約の債務不履行責任を認めた事例がある。

11 幼稚園の井戸水から病原性大腸菌に感染して園児2名が死亡した事案
浦和地方裁判所 平成8年7月30日判決 『判例時報 1577号』70頁

業務上過失致死罪において，幼稚園で飲用した井戸水から病原性大腸菌に感染して園児2名が死亡した事故につき，保健所から井戸水が飲用に適さない旨の指摘を受けた以降は，井戸水を飲料水として園児に供給するにあたっては，煮沸するなどして滅菌し，かつ，随時井戸水の水質検査を行い，病原微生物等に汚染されていないことを確認した上で供給すべき業務上の注意義務があるのにこれを怠り，何ら滅菌措置を講ぜず，かつ，病原微生物等に汚染されていな

いことを確認しないまま，漫然と井戸水を飲料水として園児に供給し継続して飲用させた過失により，園児らを死亡するに至らしめたとして，幼稚園を運営する学校法人の理事に業務上過失致死罪の有罪判決が下された事例がある。

12 幼稚園の井戸水に汚水が流入し，園児2名が死亡した事案

浦和地方裁判所　平成8年9月9日判決　『判例時報　1605号』81頁

債務不履行責任と土地工作物責任において，トイレの汚水タンクのモルタルが欠落していたために，幼稚園で飲用した井戸水に汚水が流入し，園児ら2名が病原性大腸菌に感染して死亡した事故につき，同幼稚園を設置する学校法人が法令に違反して井戸水の消毒や水質検査，浄化槽の消毒等を怠ったことは飲料水供給施設および汚水処理施設に関する安全管理義務に違反するとして，債務不履行責任に基づく損害賠償責任を認め，水道施設および汚水タンク等の設置・管理上の瑕疵があったとして土地工作物責任に基づく損害賠償請求を認めた事例がある。

13 幼稚園での綱引き練習中に園児が親指を切断した事案

大阪地方裁判所　昭和48年6月27日判決　『判例時報　727号』65頁

経営者の責任において，幼稚園での綱引き練習中に，園児が綱と鉄柱との間に指を挟まれ親指を切断した事故につき，綱の先端部が鉄柱等に接着すれば危険であることを認識しながら，教諭が先端部を輪型に巻き取るのみでひもで縛る等していなかったこと，園児を監視すべき教諭が自ら一方の組に加勢し，その結果男子園児たちがもう一方の組に加勢し混乱が生じた中で事故が生じたこと等から，幼稚園の経営者の責任を認めた事例がある。

14 男児の歯が女児の眼に当たって，女児に視力障害が残った事案

松山地方裁判所　平成9年4月23日判決　『判例タイムズ　967号』203頁

幼稚園の責任において，男児の歯が女児の眼に当たって，女児に視力障害が残った事故について，幼稚園の責任を否定した事例がある。

15 スイミング教室での事故で児童が失明状態となった事案

東京地方裁判所　平成3年3月5日判決　『判例時報　1400号』36頁

　安全配慮義務違反において，スイミング教室中に，5歳男児が7歳男児の水中メガネを手で引っ張り離したため，7歳男児の右眼に傷害を与え失明状態となった事故につき，スイミング教室の経営者に契約上の安全配慮義務違反があるとしてその責任を認めた事例がある。

16 保育園児同士の遊び中の事故における事案

和歌山地方裁判所　昭和48年8月10日判決　『判例時報　721号』83頁

　保育所および親権者の責任において，6歳の保育園児が，板切れを拾ってきて相手の園児めがけて投げつけたところ，板切れがやや曲がって飛んで他の園児の眼に当たったという事故について，保育所および親権者双方の責任を認めた事例がある。

17 園庭のすべり台での園児死亡事故の事案

松山地方裁判所　昭和46年8月30日判決　『判例時報　652号』69頁

　国家賠償法第2条において，市立保育所で帰宅前に送迎を待ちながら園内のすべり台で遊んでいた園児（4歳）が，すべり台のまわりにカバンのひもが引っかかり窒息死した事故につき，市に対する国家賠償法第2条に基づく損害賠償請求が認容された事例がある。

18 校庭のサッカーゴール転倒による幼稚園児死亡事故の事案

岐阜地方裁判所　昭和60年9月12日判決　『判例時報　1187号』110頁

　サッカーゴールの設置・保存の瑕疵において，学校に併設する幼稚園に通っていた園児（2歳1か月）が，校庭にあるサッカーゴール付近で遊んでいた際，サッカーゴールが転倒して園児の頭部を強打し，死亡した事故につき，担当教職員に対する訴えは取り下げたが，民法第717条に基づきサッカーゴールの設置・保存の瑕疵が肯定された（過失相殺4割）事例がある。

19 公立中学校校庭での事故により，幼児が死亡した事案

最高裁判所　平成5年3月30日判決　『判例時報　1500号』161頁

　設置管理者の責任において，事実上開放されていた公立中学校の校庭のテニスコートで，幼児（5歳8か月）が，家族らがテニスをする傍らで審判台に上り，審判台の後部から下りようとし，審判台の下敷きになり死亡した事案につき，1審，2審は設置管理者の損害賠償責任を肯定したが，最高裁はこれを覆し，公の営造物を設置管理者の通常予測し得ない異常な方法で使用して生じたものとして，設置管理者の責任を否定した事例がある。

20 公開前の市営施設設置のサッカーゴール転倒による生徒死亡事故の事案

鹿児島地方裁判所　平成8年1月29日判決　『判例タイムズ　916号』104頁

　サッカーゴールの設置または保存の瑕疵において，公開前の市営多目的広場で，立入禁止の掲示があるものの事実上自由に立ち入ることが容認されていた場所に，中学生が立ち入り，サッカーゴールを倒し，別の生徒が下敷きになり死亡した事故で，設置者にサッカーゴールの設置または保存の瑕疵が肯定された事例がある。

21 保育所園庭での園児受傷事故の事案

東京地方裁判所八王子支部　平成10年12月7日判決　『判例地方自治　188号』73頁

　債務不履行に基づく損害賠償請求において，市立保育所に通園していた園児（5歳男児）が保育時間中に保育所の園庭において鬼ごっこをしていた際に転倒し，保育所の玄関前のレンガ製玄関ポーチの角に前額部をぶつけ受傷した事故で，市に対し債務不履行に基づく損害賠償請求をしたところ，市の安全配慮義務として，園児が衝突しても重大な負傷を生じないような形状，材質の構造，設備を設置すべき義務が認められた（過失相殺否定，認容額457万円余）事例がある。

22 幼稚園園庭遊具での死亡事故の事案

浦和地方裁判所　平成12年7月25日判決　『判例時報　1733号』61頁

　債務不履行責任ないし不法行為責任において，幼稚園の園庭で遊んでいた園児が，うんていに垂れ下がった縄に首を引っかけて窒息死した事故につき，幼稚園を経営する学校法人，理事長，園長，担当教諭に対する債務不履行責任ないし不法行為に基づく損害賠償請求が認められた事例がある。

23 児童遊園遊具での児童死亡事故の事案

仙台地方裁判所気仙沼支部　平成16年4月30日判決　最高裁ホームページ

　国家賠償責任において，市立保育所兼児童遊園に設置されたリング式ブランコにつき，可動範囲を制限するためブランコの四隅を支柱につなぎ止めていたビニールロープが一部ほどかれた状態にあったため，児童（8歳）がビニールロープを自己の身体に巻き付けて遊んでいたところ首に絡み窒息死した事故につき，児童の遺族が市に対し，国家賠償法第1条ないし第2条に基づいて損害賠償請求をしたが，本件事故時ブランコをつなぎ止めていたビニールロープを児童が自己の身体に巻き付けて遊ぶことが常態化していたとは認められないとして，市の責任を否定した事例がある。

24 幼稚園園庭乗り入れ車両による園児傷害事故の事案

大阪地方裁判所　昭和43年5月2日判決　『判例時報　524号』57頁

　不法行為責任と債務不履行責任において，幼稚園の園庭内に乗り入れた車両が，園庭で遊んでいた園児（5歳）と接触し，園児が傷害を負った事故につき，幼稚園長，幼稚園経営者の不法行為責任を否定し，幼稚園経営者の債務不履行責任を肯定した事例がある。

25 園外活動時の園児踏切死亡事故の事案

京都地方裁判所　昭和46年12月8日判決　『判例時報　669号』89頁

　損害賠償責任において，保育士が園児らを保育所外に引率中，6歳女児が電

車踏切を渡ろうとして死亡した事故につき，保育所に民法第709条に基づく損害賠償責任が認められた（過失相殺否定）事例がある。

26 バス通園時の交通事故による園児重傷の事案

鳥取地方裁判所　昭和48年10月12日判決　『判例時報　731号』76頁

損害賠償責任において，バス通園途中の園児（5歳11か月）が乗換バスに乗車しようとしてバスの後方を横断したため，自動車に衝突され頭蓋亀裂骨折，脳内出血の傷害を負った事故につき，引率していた保育士および保育所を経営する法人にそれぞれ民法第709条，同第715条1項の損害賠償責任を認めたが，園児側に1割5分の過失相殺を認め，請求を棄却した事例がある。

27 通園バスによる交通事故での園児死亡事故の事案

福岡地方裁判所　昭和62年12月4日判決　『交通事故民事裁判例集　20巻6号』1560頁

損害賠償責任において，幼稚園の送迎用バスから女児（5歳）が降車し，バスの直前を横断しようとしたところ，発進したバスに衝突され死亡した事故につき，バスの運転手に対する民法第709条に基づく損害賠償責任，幼稚園を経営する法人に対する民法第715条1項に基づく損害賠償責任を認めた（幼児の行為につき過失相殺否定）事例がある。

28 保育所屋上駐車場からの乗用車転落事故による園児死亡の事案

名古屋高等裁判所　平成18年2月15日判決　『判例時報　1948号』82頁

土地工作物責任，不法行為責任において，保育所の屋上に設置された駐車場から乗用車が園庭に転落し，園児に直撃し死亡した事故につき，保育所経営法人の民法第717条の土地工作物責任，代表者理事および園長につき民法第709条の不法行為責任，乗用車の運転手の自動車損害賠償保障法第3条ないし民法第709条の損害賠償責任が認められた事例がある。

29　無認可保育所での午睡中事故の事案

千葉地方裁判所松戸支部　昭和 63 年 12 月 2 日判決　『判例時報　1302 号』133 頁

　無認可保育所で，午睡の際，頭部にバスタオルを置いた敷布団の上で伏臥位で寝かしつけられた乳児がぐったりした状態で発見された事案において，被告の SIDS（乳幼児突然死症候群）の主張を排斥し，窒息事故と認定した事例がある。

30　少年の信号無視によるバス乗客転倒事故における両親の責任についての事案

山口地方裁判所下関支部　平成 3 年 9 月 10 日判決　『交通事故民事裁判例集　24 巻 5 号』1030 頁

　少年の両親の責任において，13 歳の少年が歩道から急に飛び出したため，バスが急制動したところ，次のバス停で降車するため立っていた乗客が転倒し負傷した事故について，信号を無視してバスの直前を横断した少年に過失を認めたが，少年の両親の責任は否定した事例がある。

31　自宅前での幼児の行動による自転車事故における両親の責任についての事案

名古屋地方裁判所　平成 18 年 10 月 27 日判決　『自動車保険ジャーナル　1687 号』19 頁

　両親の責任において，デパートに行くため自宅前の道路上に両親とともにいた 5 歳男児が，立ったり座ったりの動作をしていたところ，通りかかった自転車がその動作に驚いて，男児を避けようとして転倒した事故において，両親に民法第 714 条の責任を認めた上，自転車に 85％の過失があるとした事例がある。

32　園外保育での牧場における事故の責任についての事案

札幌地方裁判所　平成元年 9 月 28 日判決　『判例時報　1347 号』81 頁

　幼稚園経営会社の損害賠償責任において，甲牧場に隣接する乙牧場に栗拾いに来ていた幼稚園園児 20 ～ 30 名が奇声をあげて騒いだため牧場の馬が驚いて暴走して柵を跳び越そうとして転倒，骨折し，結局殺処分となったため，甲牧場が乙牧場と幼稚園経営会社に馬の価値相当額を含む約 1,400 万円の請求をした事案で，裁判所は，乙牧場の責任は否定したが，幼稚園経営会社に対しては

民法第714条2項により約1,300万円の賠償を命じた事例がある。

33 保育所保育中の異物による傷害事故の事案

名古屋地方裁判所　平成19年9月6日判決　『判例時報　2000号』87頁

保育士の責任において，園児（3歳）が右耳に異物を入れ鼓膜を破る傷害を負った事故につき，保育士に事故前に異物除去についての具体的措置を取る義務の違反があったとはいえず，また，異物除去について過失があったとは認められないとして，保育所を経営する社会福祉法人の責任を否定した事例がある。

34 幼稚園入園拒否の可否に関する事案

最高裁判所　昭和59年12月18日判決　『判例時報　1143号』74頁

幼稚園側の入園拒否において，私立幼稚園が3歳児保育研究会を設けている場合において，これに在籍していた幼児の両親が行った4歳児幼稚園への入園申込みの承諾を幼稚園が拒否した事案につき，承諾を拒否したことをもって公序良俗に反するとはいえないとして，幼稚園の責任を否定した事例がある。

35 幼稚園側からの契約解除による園児退園についての事案

東京地方裁判所　平成5年5月26日判決　『判例タイムズ　848号』241頁

幼稚園側からの契約解除において，幼稚園が保育を委託する契約を解除して園児を退園させた事案につき，保育を委託する契約は委託者と幼稚園との信頼関係が幼児の教育目的の達成を困難にするほどに失われ，かつ，その原因が主として委託者にある場合でない限り，幼稚園側から契約を解除することはできないとして，退園処分をした園長に園児および両親に対する合計100万円の慰謝料等の支払を認めた事例がある。

36 マンション建築による隣接保育所の日照権についての事案（1）

名古屋地方裁判所　昭和48年6月27日判決　『判例時報　718号』77頁

日照権において，住宅地域にある市立保育所の園児79名が，保育所の南中

のマンション（高さ12.1m，四階建）の建築主と工事会社を相手どり，マンションが建築されると園児から太陽を奪うことになることを理由に求めた建築工事禁止の仮処分申請につき，受忍限度を超えないとして却下した事例がある。

37 マンション建築による隣接保育所の日照権についての事案（2）

　　　　　　名古屋地方裁判所　昭和51年9月3日判決　『判例時報　832号』9頁

　日照権において，住宅地域にある市立保育所に在園し，または在園していた園児43名が，保育所の南隣に建築されたマンション（高さ12.1m，四階建）の建築主と工事会社を相手どり，マンションの二階ないし四階部分の一部の取壊し，および園児1名につき20万円の損害賠償を求めた事案につき，取壊しについては請求を認めなかったが，建築主に対し一冬日照被害を受けた園児については1名につき3万円，二冬日照被害を受けた園児については1名につき5万円の損害賠償の支払を認めた事例がある。

38 マンション建築による隣接小学校の日照権についての事案

　　　　　　大阪地方裁判所　昭和54年3月31日判決　『判例時報　937号』58頁

　日照権において，商業地域にある大阪市立D小学校の児童140名が，同小学校の南西に建設中のマンション（高さ26.15m，九階建）の建築主と工事会社を相手どり，マンションが完成すると校舎，校庭，プールに日照阻害が生じることを理由に求めた，マンションの地上四階を超える部分の建築工事差止めの仮処分申請につき，地上六階を超える部分の一部について建築工事の差止めを命じた事例がある。

39 共同住宅等建築による隣接幼稚園の日照権についての事案

　　　　　　東京地方裁判所　昭和63年3月17日判決　『判例時報　1288号』101頁

　日照権において，第二種住居専用地域（第三種高度地区）にある東京都内の区立幼稚園の園児9名が，幼稚園の南東側に隣接して建築が予定されている共同住宅等（高さ9.6m，地上三階地下二階建）の建築主と建設会社を相手どり，園舎および園庭に対する日照阻害を理由に求めた建築禁止の仮処分申請につ

き，受忍限度を超えないとして却下した事例がある。

40 ビル建築による隣接幼稚園の日照権についての事案
大阪地方裁判所堺支部　平成3年7月8日判決　『判例時報　1404号』99頁

　日照権において，商業地域にある大阪府堺市の幼稚園の経営者および園児39名が，幼稚園の園庭の南東側に隣接して建築中の居宅兼貸事務所等のビル（地上六階建，一部五階建）の建築主と建設会社を相手どり，ビルが完成すると，園庭の日照が阻害される等の悪影響が生じ，午前中に園庭を使用して行われている園児の保育に支障をきたすことを理由に求めた，ビル敷地の4分の1部分の建築続行禁止の仮処分申請につき，受忍限度を超えないとして却下した事例がある。

41 保育所園長による虐待死亡事故における県の責任についての事案
高松地方裁判所　平成17年4月20日判決　『判例時報　1897号』55頁

　虐待死亡事故による県の責任において，県内保育所（認可外施設）において男児（1歳1か月）が園長の虐待を受けて死亡した事件で，園長につき民法第709条の責任を認め，長年，他の多数の幼児に対する虐待が行われ，県知事としては立入検査を実施した機会に虐待を確認することが可能であったこと，児童福祉法に基づく強い監督権限を行使して事業の停止等を命ずることにより男児への虐待防止が可能であったことから，指導監督権限の行使に過失が認められ，かつ，その過失と園児の死亡の間に相当因果関係が認められるとして県につき国家賠償法第1条1項の責任を認め，6,369万円余りの連帯支払を認めた事例がある。

索　引

〔著 者〕

菅原　好秀（すがわら　よしひで）　　東北福祉大学総合福祉学部教授

福祉ライブラリ

リスクマネジメントと法

2020年（令和 2 年）4 月15日　初 版 発 行
2021年（令和 3 年）7 月15日　第 2 刷発行

著　者　菅 原 好 秀
発 行 者　筑 紫 和 男
発 行 所　株式会社　建 帛 社
KENPAKUSHA

〒112-0011　東京都文京区千石 4 丁目 2 番15号
T E L（0 3）3 9 4 4 - 2 6 1 1
F A X（0 3）3 9 4 6 - 4 3 7 7
https://www.kenpakusha.co.jp/